矿山大直径钻孔施工技术与装备

石智军 董书宁 田宏亮 等 著

科学出版社

北京

内 容 简 介

　　本书是一部关于矿山大直径钻孔施工技术的著作，以相关课题研究成果为基础，借鉴国内外相关学者的研究成果和典型的实际案例，介绍矿山大直径钻孔施工技术装备新进展。本书共 10 章，第 1 章至第 8 章介绍了包括矿山救援钻孔在内的矿山地面大直径钻孔施工配套装备、救援装备、施工技术和应用实例；第 9 章和第 10 章介绍了煤矿井下大直径钻孔施工配套钻探装备、钻进技术及应用实例。

　　本书可作为矿山大直径钻孔设计人员、施工人员、技术管理人员及水文水井钻凿、桩基基础施工等其他大直径钻孔钻探领域施工人员的参考用书。

图书在版编目（CIP）数据

　　矿山大直径钻孔施工技术与装备 / 石智军等著 . —北京：科学出版社，2020.6

　　ISBN 978-7-03-065502-8

　　Ⅰ.①矿⋯　Ⅱ.①石⋯　Ⅲ.①矿山开采-钻孔-工程施工②矿山机械-钻机-机械设备　Ⅳ.①TD8②P634.4

　　中国版本图书馆CIP数据核字（2020）第100832号

责任编辑：焦　健 / 责任校对：张小霞
责任印制：肖　兴 / 封面设计：铭轩堂

科 学 出 版 社 出版

北京东黄城根北街 16 号
邮政编码：100717
http://www.sciencep.com

三河市春园印刷有限公司印刷

科学出版社发行　各地新华书店经销

*

2020 年 6 月第　一　版　开本：787×1092　1/16
2020 年 6 月第一次印刷　印张：15 3/4
字数：400 000

定价：228.00 元

（如有印装质量问题，我社负责调换）

第1章　矿山大直径钻孔及成孔方法

我国大型煤矿井田走向长度大于 8km，特大型煤矿井田走向长度大于 15km，随着煤炭开采活动的不断进行，煤矿开采工作面与坑口的距离越来越远，仅仅依靠传统井工巷道作为铺设、运输通道，无论从安全管理、建设维护成本，还是从整体系统效率等层面来讲，均难以很好地满足使用要求。因而，为充分合理利用其他空间布设各系统管道，往往需要构建连通相邻巷道或地面空间的矿山大直径钻孔作为各系统管道的铺设通道。近些年来，此类矿山大直径钻孔已发展成为矿井建设、生产准备、延伸，以及矿井辅助等井巷工程的重要组成部分。

矿山大直径钻孔是将地面与井下构筑物，或者将矿井下不同水平巷道相互连通，作为抽采瓦斯、抽排水、溜渣下料、降温管、通信电缆及抢险救援等的通道。由于工程用途、工程地质条件、施工条件的不同，矿山大直径钻孔在孔身结构设计、钻进设备选型及施工方法选择等方面也不尽相同，按照工程类型、施工环境的不同，一般可区分为矿山地面大直径钻孔和矿山井下大直径钻孔。

1.1　矿山地面大直径钻孔及成孔方法

矿山地面大直径钻孔终孔直径一般介于 Φ300～1300mm，深度介于 100～800m。按照钻孔性质可分成矿山事故应急救援钻孔、矿山地面大直径工程孔两种类型，广泛应用于矿山建设、安全、生产及应急救援等领域（石智军等，2016；李泉新等，2019）。

1.1.1　矿山事故应急救援钻孔

随着矿山应急救援技术装备的发展，国内外已有多个矿山事故钻孔救援成功案例，见表1.1（王志坚，2011；杜兵建和杨涛，2018；高广伟，2016）。

2002 年，美国宾夕法尼亚州魁溪（Quecreek）煤矿发生透水事故，9 名矿工被困于约73m 深井下。地面救援人员首先采用空气钻进快速完成 6in[①]直径钻孔，确定了井下被困人员的位置及状况，同时给井下被困人员提供新鲜空气、食物，确保人员的生命延续，之后采用大直径潜孔锤空气正循环工艺完成 30in 直径救援钻孔，通过该钻孔利用救生吊篮救出被困

---

① 1in=2.54cm。

人员，整个救援工作历时 9 天，9 名被困人员最终全部获救。

2010 年智利圣何塞的铜矿发生冒顶坍塌事故，导致 33 人被困于 680m 深的地下，在事故发生的前 17 天内，被困人员全部躲入避难硐室维持生命。救援人员从地面施工了一个通至井下避难硐室的小直径钻孔，利用该钻孔向井下输送食物、水、氧气，确保人员生命，且采用视频通信等进行心理疏导，然后在地面以集束式空气潜孔锤下排渣扩孔工艺率先完成了直径约 660mm 的钻孔，利用起重机和救生舱将被困人员依次提升至地面，整个救援工作耗时 69 天，被困 33 名矿工全部获救。

2015 年山东省平邑县玉荣石膏矿因邻近废弃矿采空区垮塌引发矿震而发生坍塌，29 名人员失去联系。救援指挥中心通过多个钻孔确定了被困人员位置并为其输送新鲜空气、食品，建立通信，然后通过施工大直径逃生孔将 4 名被困人员提升至地面，整个救援工作历时 36天。

2010 年山西省王家岭煤矿发生透水事故，造成井下 153 人失去联系。救援指挥中心从地面向井下钻排水孔，同时施工生命通道钻孔给井下输送新鲜空气、食物等，首先救出回风大巷掘进头的 9 名被困人员，后期救出井下 106 名被困人员，整个救援工作持续 8 天。

表 1.1　国内外矿山事故钻孔救援典型事例

地点	美国宾州魁溪煤矿	智利圣何塞铜矿	中国平邑石膏矿	中国山西王家岭煤矿
事故发生时间	2002 年 7 月 24 日	2010 年 8 月 5 日	2015 年 12 月 25 日	2010 年 3 月 28 日
事故类型	透水事故	冒顶坍塌事故	冒顶坍塌事故	透水事故
地层条件	地层厚度 73m；上覆 60m 砂质泥岩，地层致密稳定，无含水；地表为耕植土层与泥质分化岩地层	地层厚度660m；上覆400m 火成岩地层；地表砂砾下伏砂质泥岩地层；地层稳定，无含水	地层厚度 220m；上覆 80m 砂岩泥岩互层，其中 10m 砂岩段裂隙发育，含水丰富；上部 136m 石灰岩地层，发育有溶洞，为黄泥填充，富水性强	地层厚度 260m；上覆砂岩泥岩互层，砂岩裂隙含水；上部松散砂砾孔隙含水
灾害程度	临近废弃矿井巷道在高处，该透水事故矿井短时间无法疏干巷道浸水，被困人员处在水面以下 73m 的巷道堵头中	巷道两处发生大体积岩体坍塌，巷道修复困难，被困人员处于 680m 的井下避难硐室	巷道多处坍塌，地下水侵入情况不明，被困人员处于井下 220m 的巷道内	巷道掘至临近已关闭小煤窑采空区，发生透水事故，短时间巷道水面无法疏干，153人被困于井下
钻孔救援措施	①采取钻孔和矿井同时排水，降低被困区域气压。②采用空气潜孔锤正循环钻进技术施工地面大直径救援钻孔。③成孔后下入救生舱提升救人	①施工多个探查钻孔，与井下被困人员取得联系，输送食物等必需品。②在导向孔基础上，采用集束式潜孔锤下排渣扩孔钻进实施地面大直径救援钻孔。③成孔后下入救生舱提升救人	①施工多个探查钻孔，与井下被困人员取得联系，输送食物等必需品。②上部地层旋挖成孔，下部地层采用大直径潜孔锤反循环钻进、空气泡沫钻进等工艺完成。③成孔后下放安全带提升救人	①施工多个探查钻孔，与井下被困人员取得联系，输送食物等必需品。②加强井下排水，巷道积水疏干后，先后分两批救出被困人员

1.1.2　矿山地面大直径工程孔

矿山地面大直径工程孔是为满足瓦斯排采、排水、降温等矿山生产、建设过程中的某种特定工程需求而设计的一种钻孔，见表 1.2（袁亮，2007；杨富春，2014；郑复伟，2014；周竞，2016）。这类钻孔具有布孔位置灵活，不受井下巷道复杂情况影响，无须占用主、副井筒空间，可缩短管道铺设距离，降低管道流体的流动阻力等优势。因此，近几年此类工程越来越多。

表 1.2　矿山地面大直径工程孔部分应用实例

建设方	孔深/m	孔径/mm	套管/mm	数量/个	备注
潞安集团五阳煤矿	539	1260	$\Phi1060\times22$	2	瓦斯管道孔
	539	1050	$\Phi820\times18$	1	瓦斯管道孔
山西华晋吉宁煤矿	139	900	$\Phi630\times15$	1	瓦斯管道孔
	134	1000	$\Phi720\times15$	1	瓦斯管道孔
山西保利能源公司平山煤矿	486	750	$\Phi530\times14$	1	瓦斯管道孔
潞安集团漳村煤矿	380	950	$\Phi720\times14$	1	瓦斯管道孔
晋煤集团坪上矿	295	1200	$\Phi1020\times22$	1	瓦斯管道孔
陕西长武亭南煤矿	488	850	$\Phi630\times15$	2	瓦斯管道孔
郑煤集团太平矿	252	430	$\Phi377\times11$	1	排水孔
冀中能源邢台矿	410	500	$\Phi426\times12$	2	排水孔
冀中能源梧桐庄矿	646	520	$\Phi426\times12$	4	排水孔
永煤集团车集矿	584	650	$\Phi530\times16$	1	排水孔
霍州煤电集团庞庞塔矿	710	630	$\Phi426\times（10\sim20）$	1	排水孔
神华集团黄玉川矿	335	690	$\Phi530\times15$	1	排水孔
晋煤集团王台铺矿	205	660	$\Phi560\times12$	3	排水孔
陕西长武亭南煤矿	699.8	550	$\Phi426\times12$	2	电缆孔
霍州煤电集团庞庞塔矿	710	700	$\Phi530\times10$	1	电缆孔
潞安集团王庄煤矿	460	610	$\Phi377\times12$	1	输料孔
神东煤炭集团公司	325	650	$\Phi530\times22$	2	输料孔
	205	500	$\Phi377\times14$	6	输料孔
	256	500	$\Phi377\times30$	9	输料孔
淮南矿业集团潘三煤矿	677.2	820	$\Phi426\times16$	1	降温管道孔

瓦斯管道孔是将井下瓦斯管道引至地面泵站的垂直通道，是煤矿企业在新建、改建、扩建地面固定瓦斯抽采系统时经常采用的一种方式。《煤矿瓦斯抽采工程设计标准》（GB 50471—2018）已明确要求煤与瓦斯突出矿井必须建立地面永久瓦斯抽采系统，其他符合条件的矿井可依据矿井灾害等级、矿井生产能力、抽采量大小、瓦斯资源量、抽采

系统服务年限等因素选择地面永久瓦斯抽采系统或者井下移动瓦斯抽采系统。近些年，此类瓦斯管道孔工程较多，一般下入 $\Phi500\sim1100mm$ 规格的直管作为永久通道，满足设计服务年限。

排水孔是将矿井排水管引至地面的垂直通道，常见于单水平开采矿井的排水系统、临近关闭矿井老空水治理工程，以及应急救援抢险排水等场景。根据排水设备类型及安装方式，分为井下固定式安装和地面孔内下放安装两种。井下固定式安装可选用离心泵、潜水泵、泥浆泵等多种类型的排水设备，地面孔内下放安装往往考虑排水量、排水深度等因素选则不同规格的潜水泵。根据排水孔内铺设的排水管趟数不同，有单孔单趟排水管和单孔多趟排水管两种情形。因此，对于排水孔的孔身结构设计，需综合考虑用途、排水设备类型、安装方式、排水管趟数等多种因素，目前不同排水孔工程项目，其主孔套管规格、终孔孔径差异较大。

电缆孔是将地面与井下中央变电所或附近巷道相连通的垂直通道，是地面向井下中央变电所敷设矿用电缆束的一种常见方式。随着矿井下设备总功率尤其超大功率采煤设备的不断发展，为了满足大型设备需要和减少远距离供电电压损失，仅仅通过加大干线或支线电缆截面的措施已经远远不能满足矿山供电系统对电力电缆的需求，为此，许多矿山企业采用了地面电缆孔敷设高压电缆的手段，有效减少低压电缆的敷设长度，提高供电设备的供电电压等级，实现了矿井设备"高电压、低电流"的目标。

输料孔是从地面输送混凝土、碎石等材料至井下作业场所附近的垂直通道，有利于缩短井下运输距离，减少辅助运输车辆，缓解井下辅助运输压力。输料孔内需安装专用的输料管，输料管内壁应具有良好的耐磨、耐冲击力性能，一般选用陶瓷内衬复合钢管、钢衬聚四氯复合管。在规划设计时，对于使用时间超过 5 年的输料孔，其主孔段直径为 $\Phi650mm$，可先下入 $\Phi530mm$ 输料管，当该 $\Phi530mm$ 输料管经长期使用出现较为严重磨损后，再下入 $\Phi377mm$ 输料管，从而延长输料孔的使用年限。

降温管道孔是当矿井集中式空调系统的制冷站或冷凝塔设置在地面时，将井上、下冷却水管高效连接的必需垂直通道。利用降温管道孔显著缩短管道铺设长度，同时，孔内工作套管外部往往敷设有聚苯乙烯泡沫塑料、硬质聚氨酯泡沫塑料等保温（或隔热）层，有效减少了矿井集中式空调系统的冷损。

1.1.3 矿山地面大直径钻孔主要成孔方法

矿山地面大直径钻孔成孔方法，按照钻孔成孔特点区分，有全断面一次成孔法和多次扩孔成孔法，全断面一次成孔法对钻机能力要求大，一般适用于较浅的钻孔，通常情况采用多次扩孔的成孔方法；按照孔内循环介质类型区分，主要有泥浆（或清水）钻进方法、气体钻进方法、泡沫钻进方法；按照钻头类型区分，主要有用于导向孔钻进的 PDC 钻头、三牙轮钻头、空气潜孔锤钻头，以及用于扩孔钻进的 PDC 扩孔钻头、牙轮扩孔钻头、集束式潜孔锤钻头；按照排渣方式区分，主要有正循环排渣法、反循环排渣法和下排渣法（杨健等，2010；杨引娥，2013；赵江鹏，2015a；刘志强，2017）。

1.1.4 矿山地面大直径钻孔施工特点

矿山地面大直径钻孔施工特点可概括为以下几个：

①钻孔孔身结构差异大——孔身结构设计与完孔要求、工作套管要求、钻遇地层结构、水文地质条件、井下巷道条件等因素息息相关。因此，目前矿山地面大直径钻孔既有裸眼完孔，也有全孔下管完孔，不同用途下入的工作套管规格差异很大，终孔直径范围大，最常见的为二开、三开的孔身结构，亦有一开、四开的孔身结构。

②钻进方法多——由于地层复杂，即使在一个钻孔中，也会遇到迥然不同的几种地层，近年来矿山地面大直径钻孔钻进出现了正循环钻进、反循环钻进、下排渣钻进等较多的钻进方法。

③钻进设备类型多——不同用途的钻孔，终孔直径要求不同，由于矿山地面大直径钻孔直径范围广，钻进工艺方法多，常用钻进设备有水源工程钻机、小型石油系列钻机、车载钻机等几种类型钻进设备，以及具有不同钻进能力的各种型号钻机。

④劳动强度大——由于钻孔直径大，破碎岩屑多；需多次扩孔才能完成，钻进工序多；套管规格大，重量大，下套管难度较大。

1.2 煤矿井下大直径钻孔及成孔方法

矿山井下大直径钻孔一般是指终孔直径达到 200mm 及以上的井下钻孔。本书着重讨论煤矿井下大直径钻孔。近年来，我国煤矿生产对井下大直径钻孔的需求量日益增加，对大直径钻孔的钻进深度和终孔直径也提出了越来越高的要求，煤矿井下大直径钻孔主要用于替代井下巷道掘进工程，从而达到提高作业效率、降低劳动强度、改善作业环境和降低生产成本的目的。按照用途区分，国内煤矿井下大直径钻孔主要用于井下管道铺设、瓦斯抽采及事故透巷救援工程（石智军等，2008）。

1.2.1 煤矿井下管道铺设

煤矿井下大直径钻孔可服务于煤矿井下通风、瓦斯抽采、排水、电缆布设等管道铺设工程。井下管道铺设钻孔施工类似于地面的非开挖工程，一般施工工序：首先，施工大直径钻孔与目标巷道贯通；然后，在钻孔内铺设管道；最后，利用管道进行井下通风、排水或电缆布设。

1.2.2 煤矿井下瓦斯抽采

煤矿井下大直径瓦斯抽采钻孔的主要用途是抽采上隅角附近采空区瓦斯，起到降低工作面上隅角瓦斯的作用。这类钻孔一般布置在工作面与其相邻巷道的保护煤柱中，从相邻巷道开孔与工作面上隅角位置贯通，当工作面推进越过钻孔贯通点后，利用大直径钻孔的低阻力、大流量的特点抽采上隅角附近高浓度瓦斯，从而降低上隅角瓦斯浓度，实现煤炭安全、高效开采。在工作面采动影响下，保护煤柱中的大直径瓦斯抽采钻孔往往会因塌孔导致抽采通道堵塞，因此该钻孔一般会下入护孔管对孔壁进行支护。

1.2.3 矿山事故透巷救援工程

透巷救援是在煤矿井下发生安全事故时，精确、快速施工大直径钻孔，准确连通目标巷道，利用大直径钻孔作为侦查、给养输送、排水、灭火或逃生通道。钻孔救援是煤矿井下灾害应急救援的有效手段，相较于常规井下人工救援，利用大直径钻孔救援具有省时、省力、危险性低等优点，是对现有矿山事故救援手段的丰富和补充，是构建"立体化"救援体系的重要组成部分。

1.2.4 煤矿井下大直径钻孔成孔方法

煤矿井下大直径钻孔工艺特点取决于"钻孔用途"、"地层条件"和"钻孔结构"三个方面。煤矿井下大直径钻孔的特点决定其成孔工艺有别于常规钻孔，其成孔一般采用"先施工导向孔，再扩孔"的工艺流程（王鲜等，2017；田宏杰等，2017）。

1. 钻孔用途

煤矿井下管道铺设、瓦斯抽采以及透巷救援等用途要求大直径钻孔在施工中必须与井下目标巷道贯穿，这决定了大直径钻孔施工包括两个环节，分别是导向孔钻进和扩孔钻进。导向孔一般多为孔径小于 153mm 钻孔，这类钻孔钻进工艺成熟、钻进效率高、轨迹容易控制，以其作为引导进行大直径扩孔钻进有利于保证大直径钻孔的成孔质量，避免了直接施工大直径钻孔因钻孔轨迹偏斜无法准确命中靶区而导致钻孔报废的风险。

2. 地层条件

煤矿井下大直径钻孔有煤层孔和岩层孔两种。由于煤层强度较低，钻头碎岩所需动力较小，常规的回转钻进工艺就可以达到可观的钻进效率，因此，煤层大直径钻孔施工一般采用动力头常规回转钻进工艺；岩层强度普遍高于煤层，常规回转钻进存在钻进效率低、钻头消耗大等问题，为此，中硬以下岩层大直径钻孔施工采用回转扩孔工艺，中硬及以上岩层大直径钻孔施工采用冲击回转钻进工艺。

3. 钻孔结构特点

"近水平"和"大直径"是煤矿井下大直径钻孔孔身结构的两个重要特点。近水平钻孔钻进过程中孔内岩屑随泥浆运移机理与竖直钻孔存在显著差异，岩屑易在孔壁下缘沉淀堆积形成岩床，不利于钻进安全。煤矿井下近水平钻孔施工一般以清水作为冲洗介质，为保证钻进正常排渣需要，要求泥浆环空流速不低于 1m/s。以大直径钻孔孔径 $\Phi200mm$ 为例，施工采用 $\Phi127mm$（目前煤矿井下钻杆规格上限）钻杆，所需泥浆流量达到 1124L/min，这大大超过了当前煤矿井下钻孔施工用泥浆泵能力，并且随着钻孔终孔直径的增加，排渣问题更加突出，因此，不能采用泥浆作为煤矿井下近水平大直径钻孔施工排渣方法。

　　基于煤矿井下松软煤层干式螺旋钻进原理，形成了大直径钻孔干式螺旋排渣方案，其利用大直径螺旋钻杆通过螺旋输送原理将孔内钻头破碎后的岩屑排出钻孔，从而保持孔内清洁并维持正常钻进。利用大直径螺旋钻杆干式螺旋排渣方法进行煤矿井下大直径钻孔施工与常规施工工艺相比具有以下优点：

　　①设备配套简单，使用方便。螺旋排渣方法减少了泥浆泵及供排水设施配套，施工作业所需设备较少。

　　②有利于钻具安全。大直径钻孔钻进过程中，大直径螺旋钻杆的螺旋叶片对其中心心杆起到支撑和扶正作用，避免了光钻杆在大直径钻孔中因过度弯曲而损坏的问题。

　　③排渣效果好。近水平钻孔中，在重力作用下岩屑会堆积在孔壁下缘，同时螺旋钻杆叶片也支撑在孔壁下缘，随着钻杆的转动，堆积的岩屑会在螺旋叶片的推动下向孔口移动，从而保证了孔内清洁。

第2章 矿山地面大直径钻孔用钻机

钻机带动钻具和钻头向地层深部钻进，是完成矿山地面大直径钻孔施工的主要钻探设备。目前，国内用于矿山地面大直径钻孔施工的钻机主要有水源工程钻机、中浅层油气井石油钻机，以及车载钻机等多种类型的钻机，其提升力在500～1800kN，扭矩在12～35kN·m。在配套选型时，需根据钻孔直径、深度，以及地层条件等选择不同钻进能力的钻机型号。

2.1 转 盘 钻 机

转盘钻机主要回转机构是中心具有方孔的回转转盘，转盘动力通过驱动方钻杆带动孔内钻具回转。转盘钻机是钻探施工中最常见的钻机形式之一，具有传动效率高、转盘扭矩大、结构简单、性能稳定、主动钻杆给进行程长等特点（李万余等，2012；陈粤强，2009）。矿山地面大直径钻孔施工常用的转盘钻机主要分为水源工程（水文水井）钻机和石油钻机。

2.1.1 水源工程钻机

水源工程钻机根据结构形式的不同，又分为车装钻机和散装钻机，而应用于大直径钻孔施工中的水源工程钻机主要是散装钻机，驱动形式为机械驱动。

1. 水源工程钻机的特点

水源工程钻机主要用于水文水井、盐井、煤层气井、地热井、浅层油气井、矿山大直径钻孔的钻探施工，经过多年发展，已形成系列产品，通常根据使用 Φ89mm 钻杆的施工能力和转盘通径来标定钻机型号，如 TSJ1000/435 型、TSJ1500/660 型等。其主要优点如下：

①结构紧凑，安装方便。水源工程钻机将常规石油钻机中的绞车、转盘、离合器、变速箱、抱闸、水刹车、控制系统等简化整合为一个整体，安装、拆卸、运输方便，结构紧凑，简化钻台面。

②操作容易，坚固耐用。水源工程钻机操作台由分动手把、换向手把和变速手把实现分动、换向和变速，通过提升手把和制动手把来实现钻具上提和下放，控制系统为机械控制，结构稳定、耐用，易于维护。

③维护保养及施工成本低。水源工程钻机的应用范围较广，常用零配件的获取容易，维

护、保养及维修方便。该类钻机功率约为 90～206kW，配备泥浆泵组一般为 TBW 系列，功率约 90～185kW，单班人员配备不少于 5 人，综合施工成本较低。

从安全生产角度评估，现有水源工程钻机存在一定的局限性：

①使用锚头轮+B 型钳组合的卸扣机构，安全隐患较大。水源工程钻机钻台面较窄，难以安装液压大钳，同时从成本考虑，水源工程钻机拧卸扣均使用锚头轮+B 型钳。

②传动控制系统为机械控制，易出现过载及离合器损坏。纯机械控制较为可靠，但易导致齿轮箱损坏，部分现有钻机已改进为气控、液控或电控操作。

③现有水源工程钻机无法安装防碰天车装置。

④由于钻机卷扬机结构限制，水源工程钻机无法安装孔深跟踪装置。

⑤不能提供给进力，仅靠钻具重量加压的方式在浅孔时硬岩钻进效率较低。

水源工程钻机主要由钻机主机、钻塔（含天车、游车等）、柴油机和传动系统等组成。TSJ2000 型以上水源工程钻机经过改进，可安装底座。应用于大直径钻孔施工的水源工程钻机型号主要有 TSJ2000 型、TSJ2600 型、TSJ3000 型，也有对原有钻机进行改造以满足大直径施工要求的特殊型号，如 JGZ1220 型大直径钻孔钻机。水源工程钻机施工如图 2.1 所示。

图 2.1　水源工程钻机施工现场

2. 钻机主机

水源工程钻机主机的生产厂家较多，主要有石家庄探矿机械厂、河北永明地质工程机械有限公司、河北建勘钻探设备有限公司、石家庄煤矿机械厂有限公司等。其主机如图 2.2 所示，主要性能见表 2.1。

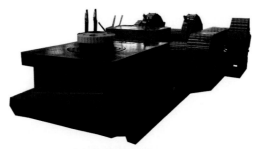

图 2.2　水源工程钻机主机

表 2.1　水源工程钻机主要性能一览表

钻机性能	TSJ2000 型	TSJ2600 型	TSJ3000 型	JGZ1220
最大钻探深度/m（Φ89mm 钻杆）	2000	2600	3000	1000
转盘通径/mm	435/445/660	445/660	445/660	1220
转盘转速/（r/min）	48/69/110/190	45/64/103/178	43/63/93/156	20/29/47/72
转盘输出最大扭矩/（kN·m）	18	25	30	70
卷扬机提升速度/（m/s）	0.84/1.9/3.3	1.0/2.26/3.9	1.1/2.46/4.1	1.1/2.46/4.1
卷扬机单绳提升力/kN	90	100	115	115
功率/kW	110	150～185	180～206	187
钻塔型式	A 型	A 型/K 型	A 型/K 型	A 型

3. 钻塔

钻塔在钻探中的主要用途是升降钻具，起下套管柱等，具有强度和刚度好、自重轻、拆迁性好、制造成本相对较低等优点。水源工程钻机的钻塔主要为三类：H 型塔（四角塔）、A 型塔和 K 型塔。水源工程钻机配套 H 型塔在矿山地面大直径钻孔施工中极少使用。因此，本书仅对 A 型塔和 K 型塔进行介绍。

1）A 型钻塔

A 型钻塔为整体提升钻塔，游动系统空间大，司钻视野开阔，钻塔主体由左右两条大腿构成 A 形结构，立塔后，需要拉绷绳防止钻塔倾覆，A 型塔根据施工需要可配套底座及平台。主要结构形式及参数见表 2.2。

表 2.2　A 型钻塔主要性能一览表

技术性能	A24-70	A27-70	A27-90	A31-135
主体材料	钢管	钢管	钢管	钢管
最大荷载/kN	700	700	900	1350
钻塔高度/m	24	27	27	31
二层台高度/m	17.5	17.5	17.5	17.5
天车形式	五轮定滑车	五轮定滑车	六轮定滑车	六轮定滑车
钻杆盒容量/m	1500	1500	1500	2000
平台高度/m	地面	地面	地面	2m

2）K 型钻塔

K 型钻塔为前开口型、整体提升钻塔，断面形状为 K 形、截面为 Π 形空间的桁架结构，其突出优点如下：

①主体为片状架结构，便于拆装和运输。

②大腿、人字架等主要受力构件均采用 H 型钢制造。

③可在低位安装，整体起放。

④其左右调解通过增减支座支撑垫片来实现，即使地面不平整，也可确保钻进安全。

⑤K 型钻塔为无绷绳塔，提高了施工安全系数。

K 型钻塔根据施工需要配套合适底座，主要结构形式及参数见表 2.3。

表 2.3　K 型钻塔主要性能一览表

技术性能	JJ90/38-K	JJ135/31-K	JJ135/40-K	JJ170/41-K
主体材料	型钢	型钢	型钢	型钢
最大荷载/kN	900	1350	1350	1700
钻塔高度/m	38	31	40	41
二层台高度/m	26.5	17.5	26.5	26.5
钻杆盒容量/m	1500	2000	2000	3000
底座型号	DZ90	DZ135	DZ135	DZ170

4．配套设备

1）动力系统

水源工程钻机功率约为 110～206kW，所配备动力以常规 6135、6138、12V135 型柴油机为主。为适应矿山地面大直径钻孔施工需求，降低施工成本，部分生产厂家开始供应电机驱动钻机，配备 1 台或 2 台电动机进行驱动。

2）传动系统

水源工程钻机传动系统又称为中间车，一般为皮带传动，通过摩擦离合器及皮带组将动力传递至钻机。皮带传动能够有效预防过载。新型电机驱动钻机将电机直接安装在分动箱外侧，简化了传动系统。

3）天车和游车大钩

使用 A 型钻塔的水源工程钻机的天车与钻塔为整体安装，滑轮为 5～6 个；使用 K 型钻塔的钻机天车为单独安装，主要型号为 TC90 和 TC135。

水源工程钻机游车大钩一般直接采用石油钻机成熟产品，型号为 YG70、YG90 和 YG135 等。

4）拧卸扣装置

受成本限制，水源工程钻机拧卸扣均采用机械式锚头轮装置，结构形式为一台门型架支撑一个锚头轮和一个链轮，由链轮驱动锚头轮、锚头轮驱动 B 型钳进行拧卸扣等操作。机械式锚头轮装置存在诸多安全隐患，在石油钻进领域已禁止使用。

5. 典型水源工程钻机配套

矿山地面大直径钻孔施工用水源工程钻机一般配备独立的泥浆泵组。以 TSJ2000/660 型水源工程钻机为例，典型配备见表 2.4。

表 2.4　典型水源工程钻机配套表

序号	设备名称	规格型号	性能参数	备注
1	钻机	TSJ2000/660	Φ89mm 钻杆钻深 2000m	名义钻深
2	钻塔	A24-70	700kN	带天车轮
3	柴油机	6135-150HP	110kW	—
4	泥浆泵组	TBW850/5B×2	90kW×2	—
5	游动大钩	YG70	700kN	—
6	水龙头	SL65	650kN	—
7	锚头机构	双排链条式	双排链条式	—
8	吊钳	75B-5b	—	—
9	吊环	SH-90	900kN	—
10	方钻杆	108×108×12193	—	单位为 mm
11	其他附属设备	吊卡、3T 小绞车、起塔凳、防护罩等		

2.1.2　石油钻机

石油钻机是用于石油天然气钻探专业机械设备，是由多台设备组成的一套联合机组，一般需满足 SY/T 5609、API Spec 7K 等标准的相关规定要求（李万余等，2012）。与水源工程钻机相比，其优点在于施工安全性、设备稳定性、施工能力、钻进效率均有较大提高，缺点在于结构较为复杂，人员配备、设备配备、施工消耗明显增加，同类项目施工成本大幅增加。在矿山地面大直径钻孔施工中，ZJ20、ZJ30 型等中浅层油气井石油钻机使用较多。

1. ZJ20 型和 ZJ30 型石油钻机

ZJ20 型和 ZJ30 型石油钻机型式和基本参数符合《石油钻机型式与基本参数》（SY/T 5609—1999）标准。ZJ20 型和 ZJ30 型石油钻机与其他石油钻机比较，具有结构尺寸小、重量轻、维护相对简单、性能可靠、设备及机构成熟等优点，一般配备两台柴油机和并车箱机械传动带动绞车、转盘和泥浆泵，能够满足矿山地面大直径钻孔施工要求，实际施工中具有较高的费效比。

ZJ20 型石油钻机名义钻探深度为 2000m，属于浅孔钻机，ZJ30 型石油钻机名义钻探深度为 3000m，属于中深孔钻机，其主要技术参数见表 2.5。

表 2.5　ZJ20 型和 ZJ30 型石油钻机主要性能表

钻机性能	ZJ20 型石油钻机		ZJ30 型石油钻机	
	规格型号	参数	规格型号	参数
名义钻探深度（Φ114mm 钻杆）	—	2000m	—	3000
游车大钩	YG135	1350kN	YG180	1800kN
水龙头	SL135	荷载 1350kN、内通径 64mm	SL180	荷载 1800kN、内通径 64mm
绞车	JC20（带刹）	330kW	JC30（带刹）	450kW
提升绳索	4×5	29mm	5×6	29mm
转盘	ZP175	444.5mm	ZP205	520.7mm
钻架	JJ135/31-K	荷载 1350kN，塔高 31m	JJ170/41-K	荷载 1700kN，塔高 41m
二层台高度	—	17.5m	—	26.5m
钻台高度	—	钻台高 3.2m，后台高 1.5m	—	钻台高 4.5m，后台高 2.55m
泥浆泵	F1000/3NB1000	735kW	F800/3NB800×2	588kW×2
柴油机	12V190 型×2	1000kW×2	Cat 3412 型×3	841kW×3
建议钻场面积	不低于 40m×60m		不低于 40m×80m	

说明：不同生产厂家钻架、底座及动力参数略有不同。

2. 石油钻机系统特点

ZJ20 型和 ZJ30 型石油钻机具有以下几个特点：

1）配备灵活

动力机组连接减速器机组箱，通过万向轴连接锥齿轮箱带动传动轴，通过链条驱动绞车、转盘和泥浆泵。矿山地面大直径钻孔施工技术要求不同于油气井工程，一般采用单机单泵形式进行施工，也可使用独立泥浆泵组，使钻台面更紧凑，以减少设备布置空间和降低施工成本；采用 K 型钻塔，低位安装，整体起放，稳定性好，安全性高；运动部件间大量使用万向轴连接，简化了安装、调试工作。

2）设备成熟、施工能力强、利于矿山地面大直径钻孔施工

ZJ20 型和 ZJ30 型石油钻机经不断改进完善，设备系统成熟、稳定、备件通用性较强。转盘机械传动保证了碎岩效率；钻台面净空高度 2.0m 以上，满足了大直径钻头在转盘下拧卸的要求；绞车单绳提升力达 180～200kN，满足事故处理的要求；采用 K 型钻塔，1 个立柱由 2~3 根钻杆组成，起下钻速度快；整个系统采用气动控制，控制安全、快捷；天车、大钩、转盘"三点一线"的特点，便于钻孔垂直度的控制，大直径套管焊接时易保持垂直，确保施工质量。

3. 石油钻机的组成

为满足钻进工艺要求，石油钻机由一整套设备配套而成，钻机配套如图 2.3 所示。依据

功能不同，钻机设备分为八大系统，即起升系统、旋转系统、循环系统、动力系统、传动系统、控制系统、钻塔底座、辅助设备系统。

1）起升系统

起升系统主要用于起下钻具、下套管、控制钻压，由绞车、游动系统（天车、游车大钩、钢丝绳）、钻架等构成。常用绞车规格参数见表 2.6，一般采用整体式游车大钩，具体参数见表 2.7。

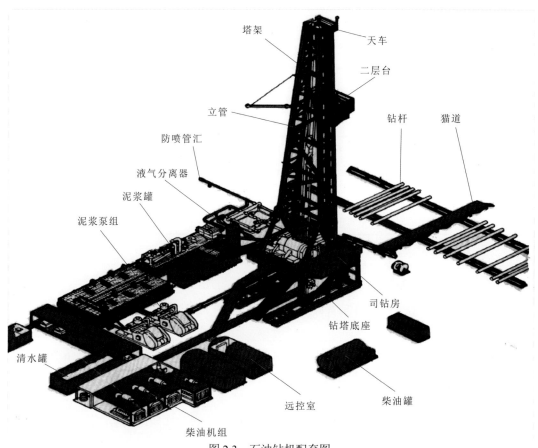

图 2.3　石油钻机配套图

表 2.6　常用绞车主要性能一览表

技术性能	JC14	JC18/11	JC20	JC21
绞车功率/kW	257	330	450	450
快绳拉力/kN	140	180	200	210
适用钢丝绳直径/mm	22	22	Φ26/29	Φ26/29
主滚筒直径×宽度/mm	Φ353×800	Φ429×912	Φ450×912	Φ450×912
刹车盘直径×宽度/mm	带刹 Φ970×210	带刹 Φ1070×210	带刹 Φ1070×305	带刹 Φ1070×305

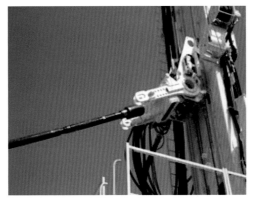

图 2.8　钻机动力头翘起加杆作业

4）拧卸钻杆装置

该系列钻机配有钻杆拧卸臂，可以实现机械拧卸钻杆，减轻工人的劳动强度，既保障了安全，缩短了拧卸钻杆的时间，又提高了工作效率。

5）稳固和调角装置

车载钻机底盘的稳固装置由三个液压支腿组成。采用油缸支撑，动作迅速，稳固可靠。液压支腿和车体底盘刚性连接在一起，整机刚性好，强度高。

钻机稳固完成后，给进机构触地装置通过螺杆旋出，使给进机构接触地面，实现机械稳固，防止液压油缸和控制阀油液泄漏造成稳固装置间的高度差；给进装置承受的起拔力通过触地装置直接传导至地面，提高了给进装置的稳定性，减少了对车体底盘的影响。钻机的调角由两个调角油缸完成，可直立钻进，特殊要求下也能实现斜立开孔。

6）操纵台

操纵台集成了钻进过程中需要观察的显示仪表和控制钻机的操作手柄，如图 2.9 所示。上部集中布置了显示仪表，方便操作人员实时观察，最下面两排集中布置了常用手柄，高度适中，使操作人员能轻便舒适操作。在手柄的设置上符合操纵顺序，操纵方便简单。操纵台的位置可旋转调节，便于操作人员观察孔口。

图 2.9　雪姆 T130XD 钻机操纵台

7）典型应用

2010 年 8 月 5 日，智利圣何塞铜矿发生矿难，33 名矿工被困于 680m 深井下，采用雪姆 T130XD 钻机施工完成深度 624m、直径为 Φ660mm 的矿山地面大直径救援钻孔，最终将被困矿工从矿井下安全提升至地面。

2. 阿特拉斯 RD20Ⅱ型车载钻机

阿特拉斯 RD20Ⅱ型车载式全液压顶驱钻机由 8×4（或 10×6）工程卡车作为运载车（图 2.10）。该钻机集成英格索兰 HR2.5 空压机，可快速展开空气钻进作业。其具体参数见表 2.12，主要结构特点如下：

1）动力系统

阿特拉斯 RD20Ⅱ车载钻机的运载车发动机为卡特 C12（355hp），甲板发动机为康明斯 QSK19（755hp）。其中卡特 C12 发动机用于驱动车辆行驶，康明斯 QSK19 发动机用于驱动液压泵站和空压机工作。QSK19 为直列式，六缸，四冲程柴油发动机。采用了涡轮增压和中冷技术，并且配备了一种新型的燃油系统，符合欧美非公路用机动设备第三阶段排放标准（Tier 3/Stage ⅢA）。空压机和发动机配有离合装置，该装置使得操作人员在不需要时可将空压机从发动机分离，同时使发动机在寒冷气温下更易启动。

图 2.10　阿特拉斯 RD20Ⅱ型钻机

表 2.12　RD20Ⅱ型钻机主要技术参数

整机	功率/kW	522
	质量/kg	39000
	运输状态尺寸（长×宽×高）/m	15.77 ×2.51 ×4.04
给进系统	最大提升力/kN	490
	最大下压力/kN	130
	行程/m	12.67

续表

回转系统	转速/(r/min)	0～120
	扭矩/(N·m)	10840
工作台	工作台最大开孔直径/mm	647
空压机	排气量/(m³/min)	35.4
	最大工作压力/MPa	2.4

2）给进装置

动力头的给进和提升是通过两个液压油缸、钢丝绳和游动滑架来实现的（图 2.11），给进装置采用游动滑轮架，取消了传统钻机使用的动滑轮组和钻架顶部定滑轮组。游动滑架由钻架内的两个油缸控制升降，游动滑架上装有提升滑轮和推压滑轮，动力头的行程与给进油缸的行程比为 2∶1。该系统比使用动滑轮组和钻架顶部定滑轮组提高了机械效率。该给进机构具有以下特点：

①工作时钻架顶部无负载，提高了钻架和钻机整体的稳定性，降低了顶部强度和刚性设计要求。

②由于增大了滑轮直径与钢丝绳直径之比，显著减少了因钢丝绳弯曲而产生的机械损失。同时因滑轮直径较大，提供了安装抗磨滚柱轴承的空间，从而提高了机械效率，延长了给进系统的使用寿命。

③油缸和钢丝绳的倍速给进方式提高了下钻速度，液压系统节能效果好。

④钻架结构非常紧凑、轻便。由于采用游动滑轮架给进系统，从而取消了钻架顶部定滑轮组，给进钢丝绳又锚定在钻架中部，因此只有钻架下半部分承受给进力和提升力。这使得钻架上半部分结构大为简化，从而大大减轻钻架和钻机的重量。在多数钻孔作业中，RD20Ⅱ的钻架处于受拉状态，而不像传统钻架那样，在提升重负荷时钻架处于受压状态。

⑤RD20Ⅱ的游动滑架给进系统的总效率能达到 90%。

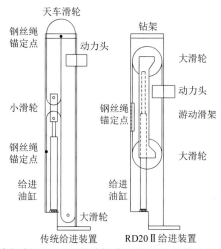

图 2.11　阿特拉斯 RD20Ⅱ型钻机给进装置与传统给进装置原理对比

3）动力头

车载钻机采用 4SF-2-12 直齿轮动力头，即双液压马达两级减速驱动主轴输出扭矩，下方设有浮动接头，减小上卸扣时丝扣磨损。动力头主轴内径为 76mm，泥浆管线能承受 10.3MPa 压力，满足泥浆正循环、空气反循环等多种钻进工艺要求。

4）卸扣链钳

车载钻机的卸扣常采用卸扣油缸带动管钳来实现，而 RD20Ⅱ钻机采用的是链钳式结构，对钻具有很好的保护作用。

5）典型应用

阳泉新宇岩土工程有限责任公司采用 RD20Ⅱ型钻机完成多个矿山地面大直径钻孔，代表钻孔见表 2.13。

表 2.13　阳泉新宇岩土工程有限责任公司采用 RD20Ⅱ型钻机施工的代表钻孔

钻孔	一开			二开			备注
	层段/m	钻头直径/mm	套管直径/mm	层段/m	钻头直径/mm	套管直径/mm	
东西畛1	0～6	450	426	6～286.8	381	325	电缆孔
东西畛2	0～6	450	426	6～418.2	381	325	通风孔

RD20Ⅱ型钻机及空气潜孔锤钻进工艺在钻探施工中，钻进效率高，尤其在紧急的抢险工程中优势明显。

3. 宝峨系列车载钻机

宝峨 RB50、RB-T90 系列车载钻机钻进工艺适应性强，可满足泥浆正循环钻进、气举反循环钻进、空气正循环钻进、空气潜孔锤反循环钻进等多种钻进工艺需求，适应于矿山地面大直径工程钻孔、抢险救援钻孔等，技术参数见表 2.14。

图 2.12 为河南豫中地质勘查工程公司在山西省昔阳县寺家庄矿附近采用宝峨 RB50 车载钻机钻进施工现场。图 2.13 为运输状态的 RB-T90 车载钻机。

表 2.14　宝峨 RB50、RB-T90 车载钻机主要技术参数

系统分类	钻机性能	参数	
		RB50	RB-T90
整机	功率/kW	360	708
	质量/kg	33000	60000
	运输状态尺寸（长×宽×高）/m	11.85×2.6×4	17×2.7×4.2
给进系统	最大提升力/kN	500	900
	最大下压力/kN	80	200
	行程/m	9.5	16.4

续表

系统分类	钻机性能	参数	
		RB50	RB-T90
回转系统	转速/（r/min）	0～330	0～325
	扭矩/（N·m）	31580	36000
工作台	最大开孔直径/mm	900	

图 2.12　宝峨 RB50 车载钻机施工现场　　　　图 2.13　宝峨 RB-T90 车载钻机

宝峨 RB50、RB-T90 系列车载钻机主要结构特点如下：

1）动力系统

RB50 车载钻机采用卡车发动机作为钻机液压系统的动力，采用功率为 194kW 的甲板发动机仅作为空压机的动力，以降低柴油消耗。RB-T90 车载钻机采用功率为 708kW 的卡特彼勒 C27 柴油机作为主动力，通过功率分配器驱动钻机液压系统工作。

2）给进装置

RB50 车载钻机给进装置载荷在 150kN 以内时，采用油缸控制的滑轮组系统控制动力头的给进和提升；当载荷超过 150kN 时，采用主卷扬机（图 2.14）、滑轮组、重型吊钩系统提升和下放动力头，这套系统还配置了专门用于调节钻压的系统，可以有效、定量地控制钻压，为钻进施工提供了可靠的保证。RB-T90 车载钻机给进装置采用伸缩桅杆给进形式，可以提供高达 900kN 的起拔力。

3）动力头

该系列车载钻机采用三级动力头，可根据不同的直径、工法、用途选择动力头的扭矩和钻速的组合。RB50 动力头最高转速 330r/min，最大扭矩 31580N·m，RB-T90 动力头最高转速 325r/min，最大扭矩达到 36000N·m，可满足所有类型的矿山地面大直径钻孔的能力需求。动力头内通径为 Φ150mm，动力头上配有压缩空气入口，工艺适应性强。在钻杆内可以插入一根压缩空气管，实施气举反循环工法。钻机动力头设有翘起装置，依靠油缸实现动力头的翘起从而实现低空装卸钻具，如图 2.15 所示。RB50 钻机同时具有动力头翻转功能，该功能可以使动力头让开孔口，方便测孔和打捞绳索取心钻具。

4）拧卸钻杆装置

该系列钻机配有用于拧卸钻杆的专用装置，拧卸钻杆方便。RB50 型钻机最大卸扣扭矩达 50000N·m，RB-T90 型钻机最大卸扣扭矩达 70000N·m。

图 2.14　宝峨 RB50 车载钻机卷扬系统　　　　图 2.15　宝峨 RB50 车载钻机动力头

5）典型应用

中国国家矿山应急救援队先后配备了 6 台套 RB-T90 型钻机。2015 年 12 月 25 日，山东省临沂市平邑县保太镇玉荣商贸有限公司石膏矿发生坍塌事故。国家矿山应急救援队采用德国宝峨 RB-T90 型钻机成功实施了矿山地面大直径救援钻孔，建立起安全救生通道，顺利救出了 4 名被困矿工，如图 2.16 所示。

图 2.16　山东平邑宝峨 RB-T90 车载钻机救援孔施工现场

2.2.2　国产车载钻机

国内企业针对矿山地面大直径钻孔施工的需要，开发了多种型号的车载钻机产品，如中煤科工集团西安研究院有限公司的 ZMK5530TZJ60（A）型车载钻机、石家庄煤矿机械有限责任公司（简称石煤机）SMJ5510TZJ15/800Y 和 SMJ5510TZJ25/1000Y 型车载钻机、江苏天明机械集团有限公司（简称江苏天明）TMC90 型和 TMC135 型车载钻机等。

国产车载钻机的研制初期大都借鉴国外产品的设计经验，但为更好地满足国内客户的需求，在国产钻机的参数匹配、工艺适应性上做了较多研究，性价比较高、配套工艺服务更加完善。

1. 石家庄煤矿机械有限责任公司车载钻机

石家庄煤矿机械有限责任公司在国内开展车载钻机研究工作较早。目前，已推出 SMJ5510TZJ15/800Y 型（图 2.17）和 SMJ5510TZJ25/1000Y 型系列车载钻机，SMJ 系列车载钻机可满足压缩空气钻进、泡沫钻进和泥浆钻进施工，技术参数见表 2.15。

图 2.17　石煤机 SMJ5510TZJ15/800Y 型车载钻机

表 2.15　石煤机 SMJ 系列车载钻机主要技术参数

机车型号		SMJ5510TZJ15/800Y	SMJ5510TZJ25/1000Y
整机	功率/kW	447	447
	质量/kg	51000	53500
	运输状态尺寸（长×宽×高）/m	13.70×2.85×4.19	14.35×2.87×4.35
	最大开孔直径/mm	711	770
给进系统	最大提升力/kN	800	1000
	最大下压力/kN	180	180
	行程/m	15	15

续表

机车型号		SMJ5510TZJ15/800Y	SMJ5510TZJ25/1000Y	
回转系统	转速/（r/min）	0～150	0～90	0～180
	扭矩/（N·m）	15000	25000	12500
	主轴通孔直径/mm	76	76/105	

2.江苏天明机械集团有限公司车载钻机

江苏天明机械集团有限公司已研制 TMC90 型（图 2.18）、TMC135 型（图 2.19）车载钻机机型，技术参数见表 2.16。江苏天明系列车载钻机均采用特制底盘，载重能力大，越野性能好。TMC135 型车载钻机可选配高、低速两种动力头。低速动力头转速分布合理，扭矩大，可进行大直径救生和通风孔扩孔钻进；高速动力头适合于金刚石绳索取心钻进，用于地质勘探。

图 2.18　江苏天明 TMC90 型车载钻机　　　图 2.19　江苏天明 TMC135 型车载钻机

表 2.16　江苏天明系列车载钻机主要技术参数

钻机车型号		TMC90		TMC135		
整机	功率/kW	783		783		
	质量/kg	65000		65000		
	运输状态尺寸（长×宽×高）/m	16×3.05×4.35		16×3.05×4.35		
	最大开孔直径/mm	711		770		
给进系统	最大提升力/kN	900		1350		
	最大下压力/kN	260		300		
	行程/m	15.3		15.3		
回转系统	转速/（r/min）	0～90	0～180	0～90	0～172	0～326
	扭矩/（N·m）	26200	12000	37500	19700	10450
	主轴通孔直径/mm	105		133		

神华集团有限责任公司神东保德煤矿采用 TMC90 型车载钻机，组织施工完成 3 口地面瓦斯管道孔。地面瓦斯管道孔为二开孔身结构，一开孔径 1200mm，二开孔径 850mm，孔深 320m 左右，在二开岩层孔段施工时均采用了下排渣扩孔钻进方法（杨引娥，2013）。

2.2.3　国内外钻机对比分析

经过多年的努力，国内钻机生产厂家通过借鉴石油车载钻机和国外车载钻机的设计理念后研制出多款车载钻机，并形成了小批量的推广应用。但目前还没有出现一款占据较大市场份额的产品，离完全替代进口钻机距离也较大，主要原因在于：

①国内钻机在施工能力上与国外同类机型接近，但国内用户对国产钻机的功能要求更加齐全，一机多用的需要，客观上加大了钻机的设计难度。

②国内用户对国产钻机的维护和保养不够重视，影响了整机的可靠性和性能的发挥。

③受国内材料、加工水平和设计水平等因素的影响，自制件和国产配套元件质量大、体积大、可靠性不足。

④整机的可靠性、稳定性、操控性等方面仍需进一步完善。虽然国产钻机也选用了许多进口知名品牌的元件，但在整合设计、人性化设计等方面还存在一定的差距。

2.3　ZMK5530TZJ60（A）型车载钻机的研制

2.3.1　总体技术方案

矿山地面大直径钻孔的施工与地面煤层气抽采孔、水文水井孔、地质勘探孔在钻孔孔径、钻孔结构类型等方面均不同，因此选用的钻进工艺和方法也存在较大的差异，对钻机的功能和性能方面也有不同的要求，其主要特点为：

①矿山地面大直径钻孔主要应用于应急抢险救援的逃生通道、矿井的通风孔、安设电缆的通道等，一般孔位可能会布置在野外的山丘、坡地甚至河滩等地，要求钻机具有良好的机动性和快速运输搬迁性，一般应采用车载或者拖车的形式。

②钻机应自带动力，一般选用柴油机，方便野外使用；同时柴油机应具备柴油预加热、管道保温等措施，保障柴油机在高寒地区的冷启动。

③矿山地面大直径钻孔施工复杂，孔身结构设计时往往会预留 1~2 级，导致开孔孔径大，因此钻机孔口预留尺寸大，要具备大直径钻具、钻头，尤其是扩孔钻头的通过空间。

④矿山地面大直径钻孔会采用空气正循环、反循环钻进、气举反循环钻进等工艺方法，要求钻机的主轴通径较大，减少反循环排渣上返阻力、利于岩屑的顺利通过。

⑤矿山地面大直径钻孔因孔径的增大和地层的复杂性造成卡钻、埋钻等孔内事故发生概率增加，且事故处理能力要求更大，对钻机要求更大的回转扭矩和强力起拔力。

根据我国矿山地面大直径钻孔施工深度和直径等的实际需求，确定 ZMK5530TZJ60（A）

型车载钻机的总体方案（田宏亮等，2014）。图 2.20 所示为整体结构效果图，其性能参数见表 2.17。

图 2.20 ZMK5530TZJ60（A）型车载钻机总体效果图

表 2.17 ZMK5530TZJ60（A）型车载钻机性能参数

整机	功率/kW	496
	质量/kg	53000
	运输状态尺寸（长×宽×高）/m	13.6×2.85×4.3
给进系统	最大提升力/kN	600
	最大下压力/kN	150
	行程/m	15
回转系统	转速/（r/min）	0～150
	扭矩/（N·m）	12500
	主轴通孔直径/mm	150
孔口平台	最大开孔直径/mm	720
	工作台最大高度/m	2.41

2.3.2 动力系统设计

1. 钻机对柴油机的要求

柴油机是车载钻机的动力"心脏"，为整个钻机提供源源不断的动力支持，对整机的性能与可靠性有很大的影响。因此，车载钻机柴油机除具备普通柴油机所具有的功能要求，还需满足如下特殊要求：

①柴油机储备功率和扭矩要大，具有一定的过载能力。

②柴油机须有性能良好的全程调速器，以满足钻机钻进速度和负荷的急剧变化。

③柴油机需要适应较大的温差变化，燃油和机油的冷却系统和启动系统应做特殊考虑。

④钻机工作环境空气粉尘大，需配装过滤效率高、空气通过率大的空气滤清器。

⑤环境保护要求柴油机应满足发动机排放标准。

⑥钻机工作的连续性要求柴油机应具有足够的可靠性。

2. 柴油机的选择

ZMK5530TZJ60（A）型车载钻机选装了美国康明斯公司工业用 QSK19 柴油机。该柴油机具有以下优点：

①可锻铸铁活塞提供更高的强度和耐用性，缸内增压压力的承受能力和耐久性大幅提高。

②先进的高压模块化共轨燃油系统（MCRS）可实现对燃油泵的电子控制、对喷油器注射压力和时间的精确控制，从而产生清洁、安静和高效的动力；多点多次燃油喷射有助于消除喷射器之间的压力脉动，提高稳定性，使输出动力更平顺，同时该技术有助于降低噪声排放和发动机振动，从而创造更加安全和舒适的工作环境。

③领先的集成电控系统，实现发动机性能与燃油经济性之间的最佳平衡，保持发动机在各海拔和负载条件下优异的性能表现；该系统具有完善的诊断和预测功能，在监视发动机缸实时工作的基础上，提供有趋势图表，从而无须进行预防性维护，也可将发动机损坏的风险降至最低。

④高效的水冷式涡轮增压器，冷却液对壳体进行循环冷却，提升进气流量，增加功率，延长使用寿命。

⑤两级组合式弗列加机油滤清器，全流过滤和旁通过滤双效合一，有效去除水中有害的油泥和污染物，以减少发动机磨损，延长换油周期，降低维护成本。

3. 空气滤清器的选择

钻机车工作在灰尘度很大的野外环境中，对进气系统性能要求苛刻，所以在确保足够的进气通过量的同时，应选择效率高、容量大和寿命长的空气滤清器。钻机车空气过滤器的工作原理和特点如下：

①空滤内置预过滤管在空气到达滤芯之前就能把空气中超过 95%的灰尘分离到集灰杯中。

②带有安全滤芯，便于在更换主滤芯时保护发动机。

③排灰阀自动排除预分离出的灰尘。

④带有滤芯保养指示器，方便及时更换滤芯。

4. 附件的选择

1）低温启动辅助装置的选择

冬季，由于气温低易导致柴油结蜡，钻机柴油机启动困难，就需使用冬季辅助预热启动系统（工作电压 24V），其工作原理如下：该系统是独立的柴油水加热器，通过提高水循环系统的温度，达到提高发动机机体温度的目的，最终帮助发动机快速启动。

2）安全保护装置的选择

当钻机发动机遇到运行异常、外部设备故障和危险环境等工况时，为减少对钻机设备和现场人员造成损失，须立即启动发动机安全保护装置的电磁关断阀。该电磁关断阀采用通电开启，弹簧机械关闭的形式，同时发动机电磁关断阀直接与发动机 ECU 联动，实现发动机状态监控。

2.3.3 底盘设计

1. 钻机对底盘的要求

底盘是车载钻机的承载平台和行驶工具，对其选型最重要的是要考虑以下三个方面（祁玉宁，2019）：

1）承载能力

事关钻机车行驶的稳定性和整车的安全性，另外钻机车不仅要在工作区块行驶，转移钻场时还要在公路行驶，包括高速公路，单桥承载能力必须满足道路要求。

2）越野能力

山路行驶，路况情况不佳时，钻机车必须有充足的动力输出，同时要有足够的车桥驱动力。

3）制动能力

钻机车在连续转弯下坡时，若过分依赖车轮刹车，会使刹车轮毂温度升高，引起热衰退，刹车性能下降，因此要求具有足够的刹车能力。

2. 底盘的选择

车载钻机整备质量一般在 50t 以上，只有五轴二类底盘才能满足此类车的承载安装需要，这种底盘一般由通用汽车改装（简称常规底盘）或使用专用底盘。

1）常规底盘

常规底盘只是在普通底盘的基础上做简单的变型，如调整轴距、车架、发动机、取力装置等，其优点就是依托成熟技术，行驶性能稳定，维护方便。由于设计初期仅仅是满足大件货物运输，并没有考虑专用装置安装，因此，这类车用于钻机承载需进行不同程度的改动或改装，主要问题如下：

①常规底盘受力相对简单集中，对专用车分区交变载荷（桥荷、轮胎等）冗余不足。

②常规底盘设计用途是满足公路运输需求，对山区非硬化路面适应性不足，越野能力低。

③常规底盘大梁是柔性梁，为了满足承载必须加装专门设计的刚性副梁，自重增加，承载力降低。

④高厢驾驶室影响机架落放，钻机车整体长度不易控制，车辆通过性降低。

2）专用汽车底盘

专用底盘的特点是只采用汽车或工程机械的主要总成和部件进行专门的设计制造，以满足整车对底盘的特殊要求。通常一种底盘只能用于一种类别的专用作业车。专用底盘无论从技术特点、改装适应性等方面都与通用底盘有所不同，主要特点是：

①采用高强度钢板焊接刚性主梁，保证其足够的强度和刚度，满足承载需求。

②由于上装质量大、重心高，要求底盘及整车重心低，以保证车辆行驶稳定性。

③重型汽车发动机、变速箱、驱动桥等关键总成选型应满足较高的可靠性。

④为满足恶劣道路条件行驶，应具有足够的越野能力。

目前国内专用底盘生产厂家有中国重汽泰安五岳专用汽车有限公司、湖北三江瓦力特特种车辆有限公司等。

3）WS5532TYT 专用底盘

WS5532TYT 专用底盘是中煤科工集团西安研究院有限公司与三江瓦力特特种车辆有限公司按照大能力钻机车要求联合研制的全新重型特种越野底盘（图 2.21），其技术参数见表 2.18。

图 2.21　WS5532TYT 专用底盘

表 2.18　WS5532TYT 专用底盘参数

	驱动形式	10×8
尺寸参数	总长/mm	12047
	总宽/mm	2850
	轴距/mm	1400+4400+1350+1350
	轮距（前/后）/mm	2382/2059
质量参数	底盘整备质量/kg	19000
	最大总质量/kg	61000
	前后组轴荷/kg	22000/39000
	桥数/驱动桥数	5/4
通过性参数	最高车速/（km/h）	85
	最大爬坡度/%	38
	最小转弯直径/m	34

WS5532TYT 专用底盘具有如下优点：

（1）越野性能突出

底盘驱动型式为 10×8，前、后各两个桥驱动，分动箱带有高、低两挡速比，分动箱不驱动车桥均有差速器和差速锁，可以实现车载钻机对多种条件路面的全时越野行驶，高车速、大爬坡度，充分适应车载钻机在矿区及公路的行驶、抢险、救援等多种紧急作业特性。

（2）承载能力大

最大设计装载质量大于 42t，满足上装承载的需要。

（3）整体安全性优异

整车完全按照国家 3C 强检要求设计，确保满足驾驶的安全性能。同时装备有发动机捷可博（JACOBS）制动和美国艾力逊（ALLISON）液力缓速器的辅助制动系统，联合工作时能彻底解决长距离下坡道时车轮过热、轮毂老化过快、刹车性能大幅下降等重载卡车普遍存在的顽疾，进而显著提高了行驶安全性。

（4）人性化设计，驾驶环境舒适、操控简单

优化改进的单人偏置驾驶室，满足驾驶员正常驾驶与操作要求，同时还进行了国家碰撞检测试验，其强度完全满足对驾驶员的防护要求。

由控制离合器的手动换挡变成自动换挡驾驶，驾驶操作极为简捷和舒适，使驾驶员更能关注道路和交通情况，提高行车安全性。装备有倒车影像装置，驾驶更加人性化、安全化。

（5）节能环保

发动机绿色环保，低油耗、低噪声，大幅减小排放污染；驾驶室采用环保冷媒的空调系统；液力变速器与高效的辅助制动系统还能够有效减少摩擦片颗粒物的排放。

2.3.4 钻机主机设计

1. 动力头

动力头是连接在钻柱上端实现直接驱动钻柱旋转钻进、循环泥浆、接钻杆等操作的多功能钻进装置，具有倒划眼防止卡钻、下钻划眼等功能，可减少卡钻的风险（刘祺，2016）。动力头主要由托板、泥浆管汇、回转器、制动装置、定位装置、翘起装置等组成，如图 2.22 所示。

动力头起下钻时给进装置牵引动力头沿导轨滑行进行起下钻作业；回转器将回转钻进所需的扭矩和转速传给钻具，驱动钻具回转运动，且下端安装有浮动接头装置，上卸扣时保护钻杆丝扣；可翘起式回转器通过翘起装置安装在托板上，与换杆装置配合提高换杆效率；定位装置可锁死翘起装置，减少钻杆在正常钻进过程中的径向摆动；泥浆管汇安装在回转器后端，另一端通过由壬连接泥浆泵高压胶管，实现泥浆循环。动力头主要性能参数见表 2.19。

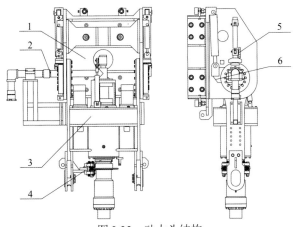

图 2.22 动力头结构

1.托板；2.泥浆管汇；3.回转器；4.制动装置；5.定位装置；6.翘起装置

表 2.19 动力头主要性能参数

名称	参数
额定扭矩/(N·m)	30000
额定转速/(r/min)	150
翘起角度/(°)	70
主轴通径/mm	150
主轴浮动行程/mm	100

2. 托板功能与结构设计

托板是实现回转器沿导轨上下滑动的支撑装置，上下两端分别连接起拔钢丝绳和给进钢丝绳，提钻时油缸推动起拔钢丝绳上拉，起拔钢丝绳牵引托板沿导轨上行，下钻时运动方向相反。起拔钢丝绳连接孔与回转器安装孔设计在同一平面，减小托板因提升所受偏载。采用导轨滚轮总成滑动方式，并设置调整螺钉对滚轮与导轨之间的间隙进行调节，保证托板在导轨上滑动平稳可靠，托板结构如图 2.23 所示。

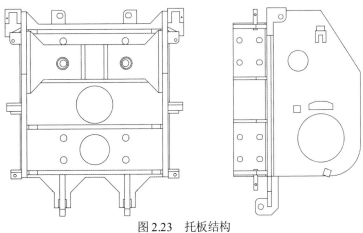

图 2.23 托板结构

　　滚轮总成由滚轮、滚轮轴、自润滑轴承、自润滑平垫、螺钉等组成，如图 2.24 所示。滚轮总成安装在托板上，沿给进导轨滑动。自润滑轴承提供滚轮总成中滚轮与滚轮轴之间的径向滑动支撑，自润滑平垫防止滚轮在滚动过程中轴向窜动端面与托板滚轮支架磨损或卡死。

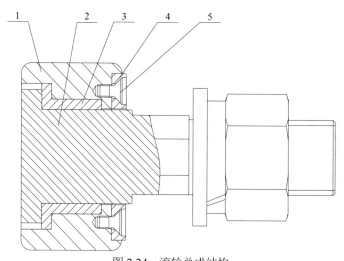

图 2.24　滚轮总成结构

1.滚轮；2.滚轮轴；3.自润滑轴承；4.自润滑平垫；5.螺钉

　　自润滑轴承也叫固体润滑轴承，是在轴承基体的金属摩擦面上开出大小适当、排列有序的孔穴，然后在孔穴中嵌入具有独特自润滑性能的成型固体润滑剂（固体润滑剂面积一般为摩擦面积的 22%～30%）而制成的自润滑轴承。该轴承综合了金属基体和特殊配方润滑材料的各自优点，突破了一般轴承依靠油膜润滑的局限性。可在使用时不保养或少保养；耐磨性能好，摩擦系数小，使用寿命长；有适量的弹塑性，能将应力分布在较宽的接触面上，提高轴承的承载能力；静动摩擦系数相近，从而保证机械的工作精度；能使机械减少震动，降低噪声，防止污染，改善劳动条件；在运转过程中能形成转移膜，起到保护对磨轴的作用；对于磨轴的硬度要求低，从而降低了相关零件的加工难度；薄壁结构，质量轻，可减小机械体积；钢背面可电镀多种金属，可在腐蚀介质中使用；目前已广泛应用于各种机械的滑动部位。自润滑轴承的应用，减少了动力头托板上 20 个润滑点，降低了动力头润滑保养时间与成本。

　　3. 回转器功能与结构设计

　　回转器是驱动钻柱旋转钻进的主要装置，由放气阀、冲管总成、液压马达、减速箱、浮动接头组成，如图 2.25 所示。四个低速大扭矩液压马达通过一级齿轮减速带动主轴回转。主轴上端通过冲管总成与泥浆管汇系统连接，设有放气阀，由油缸驱动截止阀，用于空气钻进时卸钻杆前释放钻杆中的压缩空气，防止损伤钻杆接头。在使用反循环钻进时，连接带有大通径鹅颈管和专用的大通径冲管总成；下端通过浮动接头、变径短节、保护接头后连接钻柱，在上卸扣过程中实现主轴浮动功能，保护钻杆接头螺纹，减小钻进过程中钻杆对回转器总成的轴向冲击。

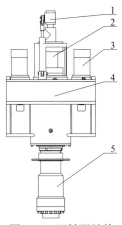

图 2.25　回转器结构

1.放气阀；2.冲管总成；3.液压马达；4.减速箱；5.浮动接头

1）减速箱

减速箱是回转器的动力传递装置，主要由小齿轮、箱体、主轴、大齿轮、轴承等组成，如图 2.26 所示。采用液压马达单级齿轮传动结构，通过四个小齿轮对称布置的方式，避免主轴承受径向载荷，整个减速箱结构简单紧凑，传递效率高，易维修。四个液压马达通过调速阀连接，可调整回转器输出扭矩和转速，以适应不同直径钻孔施工需求。箱体上方设有排气孔，排气孔上安装有空气滤清器，箱体内外气体可交换，空气滤清器避免大颗粒灰尘伴随空气进入齿轮箱污染齿轮油。设在箱体上的注油口螺塞内有油标，方便检测油液高度，及时添加齿轮油；箱体下端设有放油口，便于排放污染齿轮油，对齿轮箱进行保养。主轴上端连接冲管总成，下端连接浮动接头，实现泥浆循环管路连接。

全液压动力头可方便实现无级调速，最低转速需满足开孔钻进、复杂地层钻进、扫孔、拧卸扣与事故处理的需求；最高转速根据钻头的最高使用转速、钻杆与钻机的质量等因素确定。动力头的扭矩根据系统所能提供功率、流量、耐压能力等参数综合确定。

ZMK5530TZJ60（A）型车载钻机采用四个马达经一级齿轮传动带动主轴回转，其转速和扭矩计算方法如式（2.1）和式（2.2）：

$$n_{\mathrm{m}} = \frac{Q_{\mathrm{m}}}{n \times i \times q_{\mathrm{m}}} \cdot \eta_{\mathrm{mv}} \cdot \eta \times 10^{3} \tag{2.1}$$

式中，n_{m} 为动力头转速，r/min；Q_{m} 为液压马达的输入流量，L/min；q_{m} 为液压马达的排量，mL/r；n 为液压马达数量；i 为齿轮传动比；η_{mv} 为液压马达的容积效率，取 $\eta_{\mathrm{mv}}=0.95$；η 为液压系统中油液的供给系数，$\eta=0.95$。

$$M = 0.159 \times n \times i \times \Delta P \times q_{\mathrm{m}} \times \eta_{\mathrm{mm}} \tag{2.2}$$

式中，M 为动力头扭矩，N·m；n 为液压马达数量；i 为齿轮传动比；ΔP 为回转系统的工作压力差，MPa；q_{m} 为液压马达的排量，mL/r；η_{mm} 为液压马达的机械效率，取 $\eta_{\mathrm{mm}}=0.95$。

ZMK5530TZJ60（A）型车载钻机的动力头 $Q_{\mathrm{m}}=650$L/min，$i=2.95$，$n=4$，$\Delta P=26$MPa，马达选型为双速马达，分别代入式（2.1）和式（2.2），可计算出：$n_{\min}=149.5$r/min；$M_{\max}=30817.5$N·m。

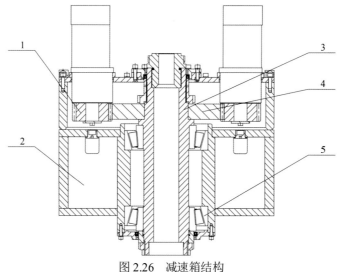

图 2.26 减速箱结构
1.小齿轮；2.箱体；3.主轴；4.大齿轮；5.轴承

2）浮动接头

浮动接头是回转器上卸扣丝扣保护装置，由外套、V 型密封、内轴和端盖组成，如图 2.27 所示。在上卸扣过程中实现主轴浮动功能，保护钻杆接头螺纹。减小钻进过程中钻杆对回转器总成的轴向冲击。V 型密封负责浮动接头内轴与外套间的高压密封。

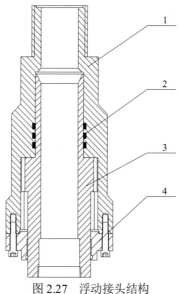

图 2.27 浮动接头结构
1.外套；2.V 型密封；3.内轴；4.端盖

3）定位与翘起装置设计

翘起装置由翘起油缸、空心轴、翼板等组成，可将回转器总成翘起至近水平方向，以方便换杆。定位装置由定位油缸，定位销组成，负责在钻进过程中锁定翘起装置，减少钻杆在正常钻进过程中的径向摆动，如图 2.28 所示。

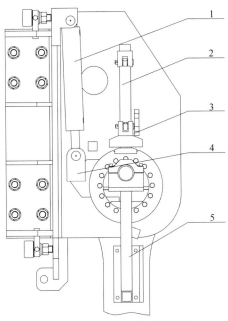

图 2.28　定位与翘起装置结构

1.翘起油缸；2.定位油缸；3.定位销；4.空心轴；5.翼板

回转器通过翘起装置与托板连接，钻进工作时定位销插进销孔，翘起装置锁死进行正常钻进；起下钻时，定位销拔出，回转器翘起，与换杆装置配合提高换杆效率，回转器翘起加杆作业如图 2.29 所示。

图 2.29　回转器翘起加杆作业

4）制动装置设计

主轴制动装置用于回转器主轴的旋转锁定，由制动钳、摩擦盘等组成，如图 2.30 所示。在定向钻进过程中，需要锁定主轴防止钻柱发生旋转，液压马达由于存在泄压等因素无法完成该功能。主轴制动装置可通过制动钳夹紧安装在主轴上的摩擦盘的方式锁定主轴，结合螺杆钻具、随钻测井仪实现对钻进轨迹的精确控制。

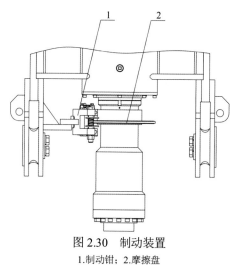

图 2.30 制动装置
1.制动钳；2.摩擦盘

5）泥浆管汇系统设计

（1）正循环泥浆管汇

在钻进过程中，从泥浆泵中输出的泥浆由泥浆胶管输送至动力头的上部，再由冲管总成向孔底输送。冲管总成是连接高压泥浆管与回转器主轴的高压旋转密封装置，冲管总成由上由壬、上盘根盒、悬浮冲管、下盘根盒、下由壬等组成，如图 2.31 所示。

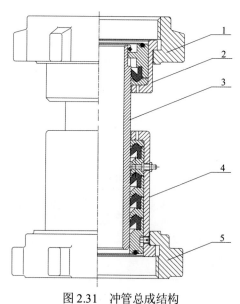

图 2.31 冲管总成结构
1.上由壬；2.上盘根盒；3.悬浮冲管；4.下盘根盒；5.下由壬

下盘根盒通过下由壬紧压在回转器主轴尾部螺纹接头上，之间有 O 型圈端面密封；上盘根盒通过上由壬安装在泥浆管三通下接头上，之间有 O 型圈端面密封。悬浮冲管安装在上下盘根盒之间，通过卡簧处于悬浮状态。工作过程中，冲管内通有高压泥浆，主轴带动下密封盒转动，冲管相对固定在上盘根盒上静止不动。冲管与下盘根盒相对旋转，通过盘根盒

要求。

（4）复位机构

在卸扣器缺口盘上，存在三个缺口复位：浮动体与壳体对正、上钳颚板架与浮动体对正、下钳颚板架与壳体对正。

用高挡大致对正后，再以低挡准确对正，使浮动体与壳体对正。上钳颚板架与浮动体对正和下钳颚板架与壳体对正完全相同。浮动体上装有定位销轴与上钳定位手把中的半月形定位转销相对应，半月形定位转销与定位手把相连，装在制动盘的外壳上，当浮动体反方向转动至定位销碰到半月形定位转销时，制动盘与浮动体对正。

（5）浮动体升降

在用于套管旋扣时，上下钳间距过小，无法检测和直接观察套管上卸扣是否正常，是否错口等情况，且上下钳无法走完套管丝扣行程，故需使上盘作为一浮动体能够升降。在浮动弹簧筒内设计一行程为 80mm 的浮动气缸，通过快插接头向气缸内供气，可使上钳向上浮动，增加上下钳间的净空间高度 80mm，同时上钳由于浮动弹簧的作用，仍然具有向下 50mm 的浮动量。

（6）移动轨道及其支架

卸扣器通过摆臂固定在钻机桅杆上，其前后移动主要结构包括移动轨道及其支架、移动装置、吊杆及装在吊杆上的前后、左右校平装置。其结构如图 2.36、图 2.37 所示。

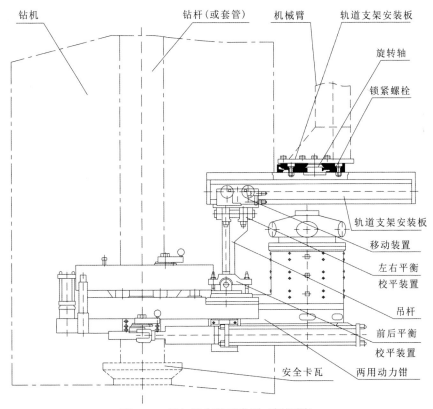

图 2.36　卸扣器安装示意图（侧视图）

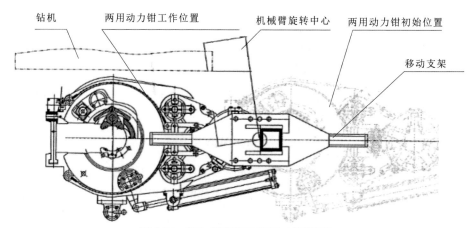

图 2.37　卸扣器安装示意图（俯视图）

轨道支架及其安装板安装在机械臂上，卸扣器通过吊杆及移动装置悬吊于轨道支架上。

轨道支架可围绕其安装板旋转一定角度后用锁紧螺栓锁紧，卸扣器围绕旋转半径为 1380mm 的机械臂旋转至与钻机正面约成 81°角后锁紧机械臂，此时两用动力钳中心线通过钻杆中心，卸扣器可在移动轨道上由初始位置移动至工作位置，完成一个工作循环后滚回初始位置，如此循环往复。动力钳吊杆中心旋转半径为 1100mm，安装时可根据实际需要由机械臂连接板上的腰型螺栓槽进行微调以符合工况，轨道支架与安装板的相对角度亦可根据工况进行调节，前后、左右校平装置可调节动力钳身的倾角以符合钻杆工况。

移动装置由摆线压裂马达驱动，上面装有齿轮变速器及四个滚轮，四个滚轮由变速器同时驱动，工作原理类似于行车移动装置。

当卸扣器处于工作位置时，钳身中心线与钻机正面成 20°角，此时钳身边缘与钻机桅杆相距 60mm，不会碰撞桅杆，实际工况时此角度可由轨道支架及安装板的相对角度来调节。当钳身退回到初始位置时，动力钳边缘与钻杆中心最大距离为 400mm，大于最大钻杆接箍的半径，进出钻杆时不会发生碰撞。轨道支架边缘与钻杆中心距离为 360mm，亦大于最大钻杆的半径，不会碰撞，轨道支架上边缘到动力钳下边缘距离小于 1500mm，机械臂伸缩最高点到钻机上的卡瓦提升装置之间的距离为 1600mm，活动位置足够，亦不会发生碰撞。

3. 控制系统

该工具需液压和气压两种动力，其控制系统分为液压控制系统和气压控制系统。

1）液压控制系统

本液压控制系统有两个液压马达，摆线液压马达用于驱动移动装置，径向液压马达用于驱动两用动力钳，各连接口全部采用快速接头，以方便安装。

液压控制系统包含液控系统和动力站系统，液控系统包括多路换向阀及快速接头、溢流阀、节流阀、多路换向阀等组件。溢流阀 1 是专门控制卸扣器压力的，上扣时不同的压力代表不同的扭矩，可根据需要进行调节。卸扣压力由动力站系统上的溢流阀 2 控制，两个马达的驱动采用多路换向阀控制，方便简洁。卸扣器液压系统原理如图 2.38 所示。

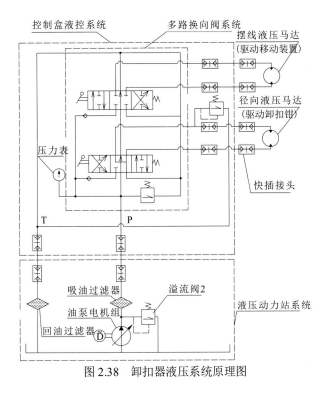

图 2.38　卸扣器液压系统原理图

2）气压控制系统

气压控制系统内高速与低速气囊是用于抱紧两用动力钳行星变速箱里内齿圈,以达到换挡目的。气压控制系统原理如图 2.39 所示。

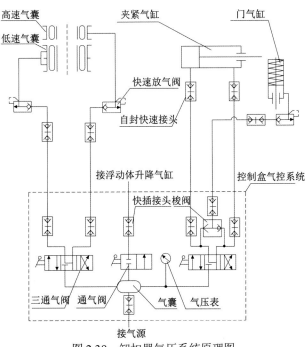

图 2.39　卸扣器气压系统原理图

高、低速气囊采用同一个三通气阀控制，进气时在相应挡位工作，输出对应挡位的扭矩。浮动体升降气缸接口是当卸扣器上、卸套管扣时所用，此时卸扣器浮动体上的四个气缸进气，推动浮动体升高，当升高到极限位置时拔掉进气胶管，因为浮动气缸进气端装有单向阀，所以浮动气缸里不排气，气缸活塞杆不会下降，此时卸扣器上下颚板之间的距离加大，适合进行起、下套管作业。夹紧气缸与门气缸的控制是联动的，三通气阀手柄拨到上扣或卸扣位置时门自动关闭，拨到空挡时门在弹簧力的推动下自动复位打开，无须人工进行关门操作，快捷方便。

（1）控制台结构

控制台可以安装在钻机操作控制台的旁边。控制台正面，左侧仪表为压力扭矩表，右侧为气压表，左边的两个手柄及手轮分别控制摆线马达、径向马达；右边的三个气阀手柄分别控制夹紧缸上卸扣、浮动体升降气缸进气及行星高低气囊进气。右下角三个手轮中，左边两个控制轨道行走速度，右边一个控制上卸扣扭矩。不同的上扣压力对应不同的钳头扭矩，可在压力扭矩表及面板右边的压力扭矩对照表格读出。

控制台的反面为管线接口，上面的接口均为快速接头且有标牌明示，接管线时快捷方便，不会混淆。

（2）卸扣器吊臂强度校核

卸扣器摆臂悬吊卸扣器并前后摆动，卸扣器的重量及工作时的扭矩施加在摆臂上，摆臂的强度影响到卸扣器的正常工作，因此需对摆臂进行强度校核。

卸扣器移动到轨道支架边缘时重心距支撑机械臂形心的最大距离为 710mm，摆臂横截面长和宽均为 165mm，钢板厚度为 20mm，对摆臂形心的惯性矩为 $I_x=I_y=4.9706\times10^8$ mm^4，最大弯矩约为 $M_{max}=1.3916\times10^7$ N·mm，最大弯曲正应力 $\sigma_{max}=M_{max}y_{max}/I\approx2.3$ MPa，而普通钢板的屈服极限一般大于 235MPa，所以摆臂是安全的。

两用动力钳重心距回转中心的距离约为 1100mm，而 1100mm＜2×710mm=1420mm，若把对回转中心惯性矩看作和对支撑机械臂形心的惯性矩一样，则回转中心受到的最大弯矩 $M'_{max}＜2M_{max}$，最大弯曲正应力 $\sigma'_{max}＜2\sigma_{max}=4.6$ MPa，比屈服极限 235MPa 小得多，加上对回转中心的惯性矩要比对摆臂形心的惯性矩大，受到的最大弯曲正应力会更小，所以也是安全的。

卸扣器由上、下钳构成，当进行上卸钻杆时，上、下钳受到的力和力矩是平衡的，震动不大，故对摆臂影响不大。

根据以上计算与分析，安装卸扣器后对机械臂的影响不大，机械臂是安全的。

3）安装与试运转

（1）液压系统的安装

油泵：由电驱动时，要注意电气的安装。

管线：安装时要注意管线是否清洁，到钳子上的四条管线（高压油管、低压油管、液马达泄油管、气管）要防止碰坏。

（2）钳子及轨道支架的安装

轨道支架安装：将支架固定板安装在钻机机械臂下方，旋紧螺栓，再将轨道支架安装在支架固定板上，装好旋转轴，将钻机机械臂转至适当位置并调节移动轨道绕旋转轴旋转一定角度后使轨道支架对准孔口中心并与钻机正面平行。

卸扣器安装：将卸扣器及其移动变速箱装入轨道支架的移动轨道中，装好右侧挡板，驱动移送装置使卸扣器移送到轨道最前端，并进入孔口中心，若孔口上的钻杆与卸扣器上下堵头螺钉贴合则表示安装位置合适，若不合适则可微调钻机的机械臂和轨道支架旋转轴，直至合适为止，最后旋紧支架固定板上的螺栓。

（3）卸扣器调平

将卸扣器送至孔口，调节卸扣器高度使其底部与吊卡上平面保持一定距离，卸扣器缺口进入钻杆后，可站在钳头前边观察左右是否调平，若不平则调整吊杆上部的四个调节螺栓来调平左右位置，左右基本调平后观察上下钳两个堵头螺钉是否分别与钻杆公母接头贴合，若有一个没贴合则说明卸扣器不平，可调节吊杆下部左右两侧的调节丝杆把钳头调节到公母接头与上下两堵头螺钉相贴合。

（4）做套管动力钳时的调整

转动钳头，使浮动钳与制动盘缺口对正。转动刹带调节筒，松开刹带，将刹带卸下。打开控制台，将储存在内腔的快插式管线插入浮动体开口两侧的单向阀，操作升降缸气阀向浮动气缸内供气，此时浮动体将因气缸的推力上浮。当气动失效时，可通过将制动盘与浮动体对正缺口，拧开制动盘上的密封盖，卸去浮动体上的螺塞，用长螺钉将浮动气缸的活塞向下顶出以保持 50~80mm 的间距。拔掉单向阀上的供气管，带上防护帽，将气管收入控制柜中。调节刹带松紧刹住制动盘。安装对应的套管颚板总成，此时卸扣器可做套管钳使用。

2.3.6　钻机车液压系统

液压传动具有功率重量比大、结构紧凑、执行部件布置灵活方便等优点，是车载钻机最常用的驱动形式。钻机液压回路的设计及液压元件的选型对钻机的整体性能起着决定性作用，ZMK5530TZJ60（A）型车载钻机均采用开式负载敏感系统，具有高效节能、负载适应性强、控制方便、抗流量不饱和能力强和整机装机功率小等优点。其原理图如图 2.40 所示，主要由动力单元、给进单元、回转单元、辅助系统、控制单元、LUDV 多路阀、卷扬系统、油箱、LS 多路阀等组成（常江华等，2017）。

1. 动力单元

动力单元由柴油机、分动箱、串泵组成。柴油机通过一分四的分动箱驱动 7 个液压泵作为高压油源，4 个主泵为动力头快速回转回路、快速给进起拔回路提供油源。两个副泵为动力头慢速回转回路、慢速给进起拔回路及辅助功能回路供油，1 个辅助泵驱动冷却风扇马达。在设计 4 个负载敏感泵最高工作压力时，分别设置了 4 个不同的压力切断参数值。钻机在工作过程中，根据主泵负载，自动控制同时供油泵的数量，从而限制液压系统的最高输出功率，达到增加钻机参数能力范围的目的。主泵负载特性曲线如图 2.41 所示，从图中可以看出，在主泵工作压力从零开始增加至最高设定工作压力时，在不同的压力节点，4 个主泵输出功率总和始终低于要求值。此系统还可降低柴油机功率储备,降低柴油机燃油消耗率。

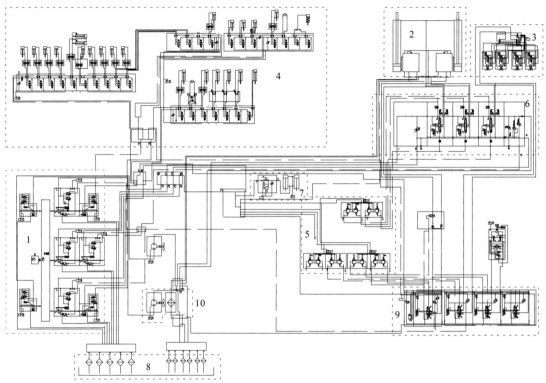

图 2.40 ZMK5530TZJ60(A)型全液压钻机液压系统原理图

1.动力单元;2.给进单元;3.回转单元;4.辅助系统;5.控制单元;6.LUDV 多路阀;7.卷扬系统;8.油箱;9.LS 多路阀;10.冷却系统

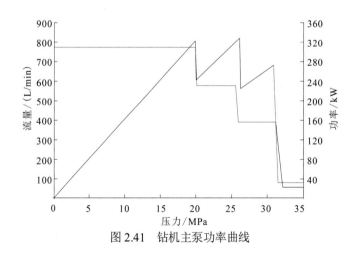

图 2.41 钻机主泵功率曲线

2. 给进单元

车载钻机给进单元具有给进起拔力调节、快速倒杆、慢速加减压钻进等功能。快速给进起拔与动力头快速回转共用油源,在满足钻进工艺需要的同时,可减少液压系统的最大排量需求,以达到降低成本及系统功率储备的目的。给进起拔力调节通过远程 LS 溢流阀控制,压力调节方便，溢流损失小。快速给进起拔系统选用 LUDV 系统，在给进系统与回转控制系统同时工作时给进系统负载适应性好、给进起拔速度稳定。

3. 回转单元

动力头回转选用低速大扭矩液控变量马达,4 个负载敏感泵与负载敏感阀控制回转马达,实现动力头快速回转;2 个相对较小流量负载敏感泵与小流量负载敏感阀控制动力头慢速回转,满足拧卸钻具和孔底方位角精确调整的需求。快速回转负载敏感阀选用阀补偿 LUDV 阀,可实现负载独立流量分配,动力头转速稳定,动力头转速控制精度高、负载适应性好。负载敏感系统流量调节方便,加之液控变量马达实现对马达排量的两挡调节,动力头转速可实现无级调节,转速调节范围大、调节方便。

4. 辅助系统

钻机辅助系统包括主卷扬控制、录井卷扬控制、卸扣器控制、钻机整体支撑稳固、桅杆起落、回转器锁定、回转器主轴翘起等。钻机辅助回路相对简单,辅助回路采用两个小排量泵供油,主卷扬、录井卷扬采用负载敏感阀控制,方便绞车提升下放速度调节,其他辅助方向阀选用带 LS 反馈回路的多路阀,可降低系统成本。

5. 冷却系统

冷却系统（图 2.40）是钻机液压系统的重要组成部分,冷却系统部件间的合理性匹配对冷却系统的整体性能有着更重要的影响,并对钻机性能和体积的改善具有积极的意义。由于 ZMK5530TZJ60（A）钻机的冷却系统同时进行柴油机系统与液压系统冷却,因此如何保证冷却效果的同时尽量减少功率消耗是冷却系统设计的难点。本钻机冷却系统采用闭环控制,其液压原理如图 2.42 所示,冷却器选用风冷冷却器,冷却风扇采用液压马达驱动,由一个电比例变量泵驱动马达转动。在液压油及柴油机冷却水出口分别安装有温度传感器,通过温度传感监测出口温度,反馈给控制器,控制器通过冷却逻辑控制电比例变量泵排量,从而实现对冷却风扇转速控制,达到控制温度的目的。此系统可自动控制冷却风扇转速,冷却系统节能效果显著。

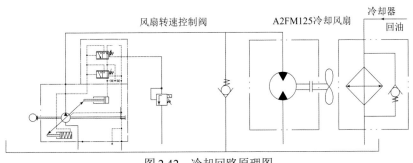

图 2.42 冷却回路原理图

第3章 矿山地面大直径钻孔钻进配套装备系统

在矿山地面大直径钻孔施工中,根据孔身结构特点、工程地质条件及施工要求等的不同,往往会用到多种钻进工艺,因此选配合理的钻具组合是钻进工程顺利实施的关键。为此,本章围绕矿山地面大直径钻孔泥浆介质钻进配套用钻杆、钻铤、钻头等,空气介质钻进配套用双壁钻杆、空气潜孔锤等进行了详细介绍,并给出了推荐配套附属装备的选型情况。

3.1 泥浆介质钻进配套钻具

泥浆介质钻进配套常规钻具主要包括:方钻杆、普通钻杆、加重钻杆、钻铤、转换接头、稳定器、钻头及螺杆钻具等,在钻进过程中,它们的作用主要是:

① 为循环介质提供由孔外通向孔底的通道。

② 钻头为直接的孔底碎岩工具。

③ 通过钻铤和加重钻杆的组合为孔底钻头提供钻压。

④ 孔内钻柱受力复杂,承受扭矩、压力、拉力,将孔口钻机动力传递给孔底钻头。

⑤ 根据孔内下入的钻具数量、长度,可计量孔深。

⑥ 通过孔内钻具状况判断孔底、地层情况等。

⑦ 辅助完成固井、孔内事故处理等其他作业。

矿山地面大直径钻孔施工尤其是扩孔时孔内工况十分恶劣,对钻具要求较高。为防止出现钻具脱扣、刺漏、掉钻及扭断等孔内事故,需合理选配(或设计)与使用钻具,建议选用API标准钻具。

3.1.1 钻杆

1. 钻杆结构与规范

矿山地面大直径钻孔施工主要选用Φ114.3mm、Φ127mm、Φ139.7mm等几种规格钻杆,其尺寸及代号见表3.1,最常用钻杆规格为Φ127mm,单根长度取第二类长度即8.23~9.14m。

钻杆由钻杆管体和钻杆接头两部分组成,管体由无缝钢管制成,通过摩擦焊接方法与接头焊接成一体。为了增强钻杆管体与钻杆接头的连接强度,管体两端有内加厚、外加厚,以及内外加厚等三种加厚型式。

表 3.1　常用钻杆规格尺寸

钻杆外径/mm	壁厚/mm	内径/mm	重力/(N/m)
114.3	10.92	92.50	291.98
	12.70	88.90	333.15
	13.97	86.40	360.03
127	9.20	108.60	284.68
	12.70	101.60	373.73
139.7	7.72	124.30	280.30
	9.17	121.40	319.71
	10.54	118.60	360.59

注：根据 API RP 7G-2003 整理。

2. 钻杆钢级与强度

钻杆钢级是指钻杆钢材的等级，由钻杆钢材的最小屈服强度决定。规定钻杆钢级由低到高有 D、E、95（X）、105（G）、135（S）级等 5 种。钻杆钢级越高，管材的屈服强度越大，钻杆的抗拉、抗扭、抗外挤等各种强度就越大。矿山地面大直径钻孔施工一般选用 X、G、S 级的高强度钻杆，其钻杆钢级与主要力学性能指标见表 3.2。

表 3.2　常用钻杆钢级与主要力学性能指标

物理性能		最小屈服强度/MPa	最大屈服强度/MPa	最小抗拉强度/MPa
钻杆钢级	95(X)	655.00	861.85	723.95
	105(G)	723.95	930.79	792.90
	135(S)	930.70	1137.64	999.74

3.1.2　加重钻杆

加重钻杆通常加接在钻杆与钻铤之间，防止钻柱截面模数突然变化，减少钻杆疲劳破坏，能够代替部分钻铤，可减轻钻机提升负荷，增加钻深能力。

加重钻杆内螺纹接头吊卡台肩设计成 18°锥形，两端接头和中间加厚部分敷焊耐磨带，螺纹根部加工应力分散槽。由于加重钻杆受力比较复杂，在加工接头时，一般对螺纹根部的应力分散槽进行滚压强化，提高其抗疲劳性能。加重钻杆在使用过程中承受拉力，螺纹牙底采用冷滚压处理，使其螺纹根部的残余应力得以释放。根据矿山地面大直径钻孔孔身结构及钻进工艺特点，一般选用 Φ127mm 加重钻杆，其结构示意图如图 3.1 所示。

3.1.3　钻铤

钻铤处于钻柱的最下部，是下部钻具组合的主要组成部分，其主要特点是壁厚，具有较大的重量和刚度。在钻进过程中的，钻铤的作用主要有：为钻头提供钻压，保持孔底钻柱的稳定性，减轻钻头的震动、摆动和跳动等，为钻头创造较为平稳的孔底工作环境；维持下部钻柱的刚直状态，实现防斜打直。

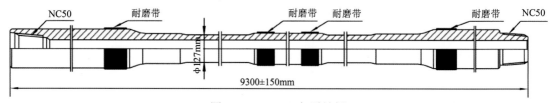

图 3.1　Φ127mm 加重钻杆

　　根据结构、材质、功能等的不同，钻铤一般分为三种：①整体钻铤：整体为光滑的厚壁圆管，两端加工连接螺纹，为最常用结构；②螺旋钻铤：整体为在外圆柱面上加工右旋的螺旋槽，以减少与孔壁的接触面积，能有效防止粘吸卡钻；③无磁钻铤：在钻进过程中除了能够起到普通钻铤加压作用外，主要为孔底测量仪器提供了无磁干扰环境，结构与整体钻铤相同，采用无磁不锈钢材料制造，经过严格的化学成分分析锻造而成，可确保硬度、韧性、冲击功值及抗腐蚀性能，具有良好的低磁导率和良好的机械加工性能。

　　根据矿山地面大直径钻孔孔身结构特点，结合钻铤 API 加工标准及外形尺寸，钻进时通常选用 Φ165mm、Φ177.8mm、Φ203mm 等规格钻铤。常用 Φ165mm 螺旋钻铤基本结构示意图如图 3.2 所示，常用 Φ165mm 无磁钻铤基本结构示意图如图 3.3 所示。

　　目前，国内生产钻铤的企业较多，知名度较高的企业主要有山西北方风雷工业集团有限公司、中原特钢股份有限公司、长庆石油工具有限公司等。

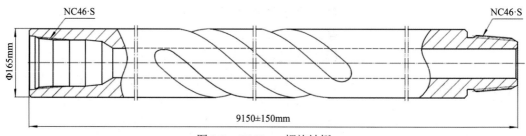

图 3.2　Φ165mm 螺旋钻铤

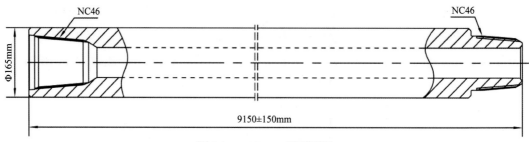

图 3.3　Φ165mm 无磁钻铤

3.1.4　钻头

根据矿山地面大直径钻孔孔身结构、钻进工艺方法、钻遇地层性质等特点，在施工过程中主要用到两大类钻头：一种是用于施工导向孔的常规钻头；另一种是用于逐级扩孔施工的扩孔钻头。

导向孔施工用钻头主要有金刚石复合片（PDC）钻头、三牙轮钻头和气动潜孔锤钻头等三种类型，多为 Φ215.9mm 和 Φ311.1mm 两种规格，各类型钻头的结构类型、制造工艺和地层适应性可参看 2018 年版《煤矿区煤层气开发对接井钻进技术与装备》相关章节内容。

扩孔钻头主要有刮刀扩孔钻头和牙轮组合钻头。刮刀扩孔钻头是回转钻进中使用最早的一种钻头，结构简单、制造方便、成本较低，属于切削型钻头，是以切削、刮挤和剪切的方式破碎岩石，主要用于钻进可钻性 4 级及以下的软地层。钻进过程中，由于钻头承压面积大，刮刀扩孔钻头在钻进硬地层或软硬交错的硬夹层时，钻头切入困难，需要匹配较大扭矩的钻进设备，因此，在矿山地面大直径钻孔施工中，主要用于土层、砂黏土等覆盖层中钻进。牙轮组合钻头是矿山地面大直径钻孔施工最为常用的钻头类型。虽然牙轮组合钻头多年来得到广泛使用，但目前仍未形成通用的规格系列。各施工队伍多是根据以往施工经验，先与钻头生产厂家定制一种或几种规格的扩孔钻头，然后在施工现场自行组织完成更换废旧牙轮牙掌的工作。

1. 刮刀钻头

刮刀钻头是回转钻进中使用最早的一种钻头，结构简单、制造方便、成本较低，属于切削型钻头，是以切削、刮挤和剪切的方式破碎岩石，主要用于钻进可钻性 4 级及以下的软地层。钻进过程中，由于钻头承压面积大，刮刀钻头在钻进硬地层或软硬交错的硬夹层时，钻头切入困难，钻进效率低。在矿山地面大直径钻孔施工中，主要使用硬质合金刮刀钻头。

硬质合金刮刀钻头主要用于覆盖层、砂黏土以及泥岩等软地层。刮刀钻头由破岩刀具翼片、钻头基体和支撑围板等构成，分为两种结构型式，一种是整体式全断面扩孔钻头，另一种是带导向钻头的组合式扩孔钻头。整体式扩孔钻头高度较小，强度和刚度大，整体稳定性好，但是在不均匀地层中扩孔时易偏斜；组合式扩孔钻头由导向钻头和扩孔钻头两部分组成，钻进时导向钻头起扶正导向作用，为防止导向钻头发生脱落，在两者的螺纹连接处要进行加固。图 3.4 为扩孔用硬质合金刮刀钻头结构图。

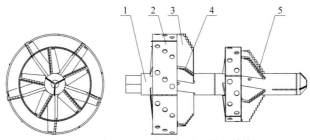

图 3.4　扩孔用硬质合金刮刀钻头结构

1.芯杆；2.支撑围板；3.刀翼；4.硬质合金切削齿；5.导向钻头

2. 牙轮组合钻头

牙轮组合钻头多为钢体式结构，钻头体具有一定的特殊结构，主要表现在两方面：一是钻头体本身能够居中导正，呈阶梯形结构设计，带有导向头，导向头的外径即是上一级序（扩孔）钻进钻头尺寸，实现在原有小直径孔径的基础上扩大孔径；二是钻头体具有独立更换某一只或多只牙轮牙掌的空间条件，不会因个别牙轮的损坏而使整个钻头报废。此外，钻头体应带有反向切削齿，使短程起下钻时划眼顺畅。

牙轮组合钻头结构不但包括宏观尺寸，还包括新型切削齿的选用及排布方式，以及水力系统等，所以大直径钻头结构是否合理直接影响其性能。设计大直径牙轮扩孔钻头结构时，应注重以下几方面问题：

（1）结构强度

所有元件尤其是运动件和关键件都应保持足够的强度、刚度，使钻头的整体和每个局部都能承受足够的荷载。

应选择足够强度的中心管和底板，各连接部位应设有足够数量和强度的筋板，所有的焊接均打坡口，并采用高强度焊条，确保焊接质量。

（2）强攻击性

在满足钻头强度、碎岩要求和牙轮工作寿命的前提下，尽量减少边刀的数量。对所适应范围内的地层，在施加适当作用力（钻压和扭矩）时能产生较好的碎岩效果，即单位体积岩石的破碎功应在合理值范围。

（3）稳定性和导向性

钻头应在较稳定的工况下工作，还必须保证钻孔的质量，所以要避免有害的震动与冲击，减小钻进时产生的偏斜力，所以，牙掌的分布应对称、准确，确保钻头受力均匀，同一分布圈上的牙掌要保证同一高度和同心度。

（4）水力系统

在适当的循环方式和水力参数条件下，钻头要有合理的水流通道，一方面将破碎下来的岩屑带走，减少重复破碎；另一方面对钻头加以冲洗和冷却，防止糊钻和钻头泥包。

（5）防脱落措施

牙轮最大缺点是单支点支撑，受力不好，失效后易脱落。为此在整体设计时，需在牙轮牙掌前方增设一扶正立板，改善牙轮受力状况。图 3.5 所示为 Φ400/215.9mm 牙轮组合钻头结构图。

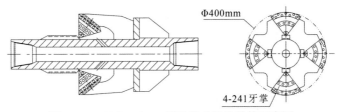

图 3.5　Φ400/215.9mm 牙轮组合钻头结构示意图

在加工工艺方面，焊接质量的好坏直接影响着大直径牙轮组合钻头的性能，并且焊接时要保证牙掌的定位精度，此外，在牙轮钻头的组焊过程中，还要保持各个牙轮在同一平面上，使各牙轮受力均匀，防止压力只加在某一牙轮上，使其破坏；保持外圈各牙轮位于同一圆周上。焊接前，要对工件进行预热，以减少焊接产生的应力，并于焊接完成后，进行保温。

影响牙轮扩孔钻头寿命的决定性因素是牙轮轴承密封，所以在焊接时，要严格控制加工过程中的温度。在整体三牙轮钻头解体过程中采用冷解剖特殊工艺或采用未组装的单片牙轮掌，焊接过程实行严格的水循环温度控制，避免高温对牙轮轴承密封和储油囊破坏。所以在焊接时，应采用间隔顺序焊接牙掌，并采取一定的降温措施，确保牙掌的温度控制在合理的范围内。

此外，应选择足够强度的中心管和底板，各连接部位应设有足够数量和强度的筋板，所有的焊接均打坡口，并采用高强度焊条，确保焊接质量。图 3.6 所示是一种典型的 Φ580/311mm 牙轮组合钻头结构示意图与实物照片。

图 3.6　Φ580/311mm 牙轮扩孔钻头

3.2　空气介质钻进配套钻具

在矿山地面大直径钻孔施工中，除了采用泥浆介质钻进的钻进工艺，为了满足某些特殊的工程目的或适应复杂地层条件，还会采用空气正循环钻进、气举反循环钻进、空气反循环钻进等空气介质钻进工艺。因此，除了配套 3.1 节所述的常规钻具外，还需配套特殊的双壁钻具，包括双壁钻杆、气盒子（或气水龙头）、气水混合器，以及不同类型的空气潜孔锤。

3.2.1　双壁钻杆

双壁钻杆由两层同心管体套装而成，是实施气举反循环和空气反循环等钻进工艺的基础钻具。它不仅要像常规钻杆一样传递压力、扭矩及为压缩空气提供下行通道，还必须为废气、岩粉屑、孔内水等提供连续的上返通道。

按双壁钻杆之间的连接形式划分，包括刚性连接和非刚性连接两种。

1. 全螺纹刚性连接的双壁钻杆

全螺纹刚性连接双壁钻杆采用定心肋骨使内外管焊接成一体，内外管接头均为螺纹连接形式，内外管可共同承受和传递载荷。该类型双壁钻杆的加工对轴向尺寸误差要求十分严格，以保证内外管接头螺纹的同步拧卸要求。如图 3.7 所示，全螺纹刚性连接双壁钻杆的内外管为一体式结构，台肩接头是改进的 API 正规扣（长度增加 1/2in，直径大 1/2in），在公螺纹和母螺纹台肩面的中部，加工有椭圆形的"窗口"。这些"窗口"将相互连接的双壁钻杆环空连通。

图 3.7　全螺纹刚性连接的双壁钻杆接头

2. 内管非刚性连接的双壁钻杆

内管非刚性连接双壁钻杆的内管采用插接式连接结构，在插接接头设有密封圈保障连接处的密封性能，外管采用螺纹连接，单独承受和传递载荷，内外管的相对固定采用定心肋骨辅以其他结构以防止内管摆动、窜动。目前普遍采用内管非刚性连接的双壁钻杆，按照内外管相对固定的方式区分，主要有内管伸出式、内管缩进式、双螺纹式等几种结构。如图 3.8 所示为内管缩进式双壁钻杆的结构示意图。

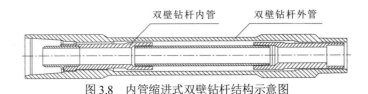

双壁钻杆内管　　　　双壁钻杆外管

图 3.8　内管缩进式双壁钻杆结构示意图

表 3.3 列出了内管带 O 型密封圈，外管带螺纹的双壁钻杆的尺寸和机械特性。旋转钻进作业中，双壁钻杆的工作扭矩就是最大推荐扭矩值。抗拉屈服值是导致双壁钻柱顶部钻杆材质开始屈服的极限轴向拉力，屈服点通常是在双壁钻杆外管接头螺纹台肩处，最薄弱的地方先屈服。

表 3.3　双壁钻杆的尺寸和机械特性

双壁结构外径/mm	127	139.7	178	244.28
外管内径/mm	108.64	114.3	152.4	219.08
内管外径/mm	89	95.25	127	168.28
内管内径/mm	70	82.55	114.3	127
单位长度质量/（kg/m）	36	40.79	59.84	95.71
工作扭矩/（kN·m）	17.82	21.46	54.23	135.29
拉伸屈服值/t	—	93.93	211.56	211.56
长度/m	6 或 9	6 或 9	6 或 9	6 或 9

3.2.2　集束式正循环空气潜孔锤

20 世纪 80 年代开始西方工业发达国家将空气潜孔锤的钻进直径进一步加大，研制了集束式正循环空气潜孔锤。集束式正循环空气潜孔锤是将几个小直径空气潜孔锤通过支架刚性地固定在一起，主要优势是制造成本低，钻进大孔径硬岩所消耗的气量少，可用于各类建筑工程。目前国外有多家集束式正循环空气潜孔锤的生产厂家，例如：瑞典 Atlas Copco 公司，韩国的东宇公司、JOYTECH HAMMER 公司，HI-TOP 公司，爱尔兰 Mincon 公司，美国的 Halco 公司等（刘振东，2013；支跃，2014）。

瑞典 Atlas Copco 公司研制的 CD 系列集束式正循环空气潜孔锤，可有效地进行硬岩钻进，能适应多种地质条件。根据客户的要求可定制所需孔径的集束式正循环空气潜孔锤，具有长度短、重量轻、采用模块化设计的特点。代表性的集束式正循环空气潜孔锤技术参数见表 3.4，结构如图 3.9 所示。

表 3.4　Atlas Copco 集束式正循环空气潜孔锤参数

型号	CD S36	CD S42	CD S46	CD S48
直径/mm	915	1067	1169	1219
长度/mm	1600	1600	1600	1600
压力/MPa	0.69～1.38	0.69～1.38	0.69～1.38	0.69～1.38
耗气/（m³/min）	41.9～112.2	58.7～157.3	58.7～157.3	58.7～157.3
质量/kg	2800	4000	4300	4500

图 3.9　Atlas Copco 集束式正循环空气潜孔锤

　　韩国的东宇公司、HI-TOP 公司、JOYTECH HAMMER 公司都研制了集束式正循环空气潜孔锤。东宇公司采用专门的热处理方式来提高其耐疲劳强度，以适应高风压、大风量的作业特点，研制的集束式正循环空气潜孔锤最大可钻进孔径为 2.5m，具体结构如图 3.10 所示，主要技术性能参数见表 3.5。HI-TOP 公司设计制造的集束式空气潜孔锤属于全断面集束式空气潜孔锤，其底端面具体结构如图 3.11 所示。JOYTECH HAMMER 公司研制的集束式正循环空气潜孔锤的每个直径空气潜孔锤都是无阀式的，结构设计简单，适用于气体的压力在 0.7～2.4MPa 的范围，最大钻孔直径 1500mm。

表 3.5　韩国东宇集束式正循环空气潜孔锤参数

型号	CLUSTER381	CLUSTER445	CLUSTER610	CLUSTER800	CLUSTER1000
直径/mm	381	445	610	800	1000
长度/mm	1950	1950	2300	2595	2595
压力/MPa	1.5～2.5	1.5～2.5	1.5～2.5	1.5～2.5	1.5～2.5
耗气/（m³/min）	34～47.5	36～49.5	40～55	109～129	112～147
质量/kg	970	1350	3480	5700	6100

图 3.10　东宇集束式正循环空气潜孔锤　　　图 3.11　HI-TOP 集束式正循环空气潜孔锤

　　爱尔兰 Mincon 公司研制的集束式正循环空气潜孔锤使用的单体空气潜孔锤钻头为方形截面，设置有防空打机构，即当某一个（或多个）单体空气潜孔锤先于其他单体空气潜孔锤接触孔底钻进，则其他单体空气潜孔锤的气室关闭，所有气体提供给该单体空气潜孔锤，以增加其冲击能力。该集束式正循环空气潜孔锤的主要优点为：冲锤冲击能量高、排屑能力强、密封性能好、空气损耗量少、使用寿命高。其整体外形结构如图 3.12 所示。

　　湖南山河智能机械股份有限公司在吸收国内外先进技术和经验的基础上，研发了新型桩工机械产品 SWCD1000 集束式正循环空气潜孔锤（图 3.13），主要用于施工大孔径嵌岩桩，解决在卵石漂石层及坚硬岩层等复杂地层的桩基嵌岩钻进问题。SWCD1000 集束式正循环空气潜孔锤采用气体正循环与螺旋钻杆相结合的方式进行排屑。

图 3.12　Mincon 集束式正循环空气潜孔锤　　图 3.13　SWCD1000 集束式正循环空气潜孔锤

3.2.3　大直径反循环空气潜孔锤

大直径反循环空气潜孔锤根据钻头数量可区分为单体式反循环空气潜孔锤和集束式反循环潜孔锤两种类型，根据反循环原理可区分为封隔式反循环空气潜孔锤、引射式反循环空气潜孔锤。封隔式反循环空气潜孔锤根据机械封隔机构设置位置可区分为孔底、孔口、孔底-孔口联合等多种型式（王四一和赵江鹏，2016）。

1. 孔底封隔式空气潜孔锤反循环钻具系统

孔底封隔式空气潜孔锤反循环钻具系统包括空气潜孔锤、止回阀短节、正反循环转换接头、孔底封隔器及扶正器等，如图 3.14 所示。

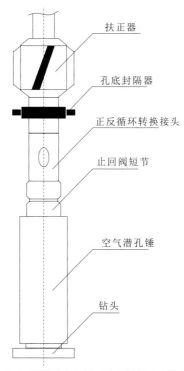

图 3.14　孔底封隔式空气潜孔锤反循环钻具系统示意图

为了形成反循环，孔底封隔式空气潜孔锤反循环钻具系统是利用封隔器的原理在孔内增设封隔器，阻止流体介质沿外环间隙通道上返而形成正循环，迫使流体介质进入钻具的中心通道反循环排至孔外的（杨宏伟，2012）。

2. 贯通式空气潜孔锤反循环钻具系统

贯通式空气潜孔锤反循环钻具系统主要包括双壁钻具、贯通式空气潜孔锤及其反循环钻头。贯通式空气潜孔锤反循环钻进方法的基本原理是：空压机输出的压缩空气由双通道气水龙头右侧的进气胶管进入双壁钻具的内外管环状间隙，沿之下行直至孔底空气潜孔锤的上接头，推开逆止阀，驱动活塞高频往复冲击运动，冲击应力波经过反循环钻头上的柱齿合金体积破碎岩石。驱动活塞做功后的废气通过钻头上的排气孔喷出。喷射气流卷吸作用形成的低压促使钻头周围的流体向内抽吸，由此阻断流体向钻头外侧流动而形成正循环的趋势。钻头排气孔下部设计的扩压槽使喷射加卷吸的流体速度降低，压力恢复，在扩压槽的导向及孔底岩石的反射作用下向钻头的中心孔道运动，流体的压力进一步恢复并达到一定值。由钻头排气孔排出的空气射流对孔底的岩屑有很强的携带能力，排气口处压缩空气的膨胀过程吸收周围包括钻头齿柱上的热能，从而有效冷却钻头，排出孔底的岩屑。进入钻头中心孔的流体已恢复了较高的压力，在此压力作用下流体介质沿钻具中心通道上返，从而实现了流体介质的全孔反循环。钻头底部排气孔的数量依据钻头的直径确定。每个排气孔下部对应一个扩压槽，在扩压槽内部形成低压区。随钻头的回转运动，钻头底部的数个低压区形成了近乎连续的低压环，钻头外部的流体压力高于内部的低压区环的压力，流体便由外向内流动，从而实现了稳定的反循环（刘建林和殷琨，2012）。贯通式空气潜孔锤反循环钻进工艺原理示意图如图 3.15 所示。

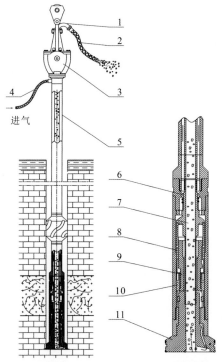

图 3.15　贯通式空气潜孔锤反循环钻进工艺原理示意图

1.鹅颈弯管；2.排渣管；3.双通道气水龙头；4.进气胶管；5.双壁钻杆；6.逆止阀；
7.中心流道；8.内缸；9.活塞；10.衬套；11.反循环专用钻头

中石油联合吉林大学研制了 Φ660mm 贯通式空气潜孔锤（图 3.16），配套 Φ146/68mm 双壁钻具施工完成两口深度 50m 的试验钻孔。试验结果表明：当注气量 33.9m³/min 时，注气压力 1.8MPa，平均时效 3.4m/h；当注气量 59.3m³/min 时，注气压力 2.4MPa，平均时效 4.5m/h。Φ660mm 贯通式空气潜孔锤试验时，反循环排渣彻底、孔底干净，取得良好的试验效果（甘心等，2015）。

图 3.16　Φ660mm 贯通式空气潜孔锤

3. 大直径集束式反循环空气潜孔锤

大直径集束式反循环空气潜孔锤（图 3.17）是将多个小直径空气潜孔锤按照一定规则组合而成。大直径集束式反循环空气潜孔锤按照用途的不同主要分为扩孔用集束式反循环空气潜孔锤和全断面集束式反循环空气潜孔锤两种类型。在矿山地面大直径钻孔施工中主要使用扩孔用集束式反循环潜孔锤。中煤科工集团西安研究院有限公司研制了 Φ710/311mm、Φ680/311mm、Φ580/311mm 等几种规格的扩孔用集束式反循环空气潜孔锤。该扩孔用集束式反循环空气潜孔锤主要结构包括双壁接头、配气室、单锤、排渣管、孔底密封盘及导向头等，其双壁接头可直接与双壁钻杆连接，配气室将沿双壁钻杆内外管注入的压缩空气均匀分配给各个单锤，单锤可在压缩空气的驱动下体积破碎孔底岩石，排渣管与双壁钻杆内管相通，是孔底废气、水及岩粉（屑）排出通道，其孔底密封盘作用有二，一是阻隔孔底排出的压缩空气进入钻孔环空，二是固定三个单锤与排渣管。导向头下可直接螺纹连接 Φ311mm 牙轮钻头，在扩孔中起导正作用，在孔底密封盘外圆柱面上设置有耐磨带，可修复孔壁起保径作用（赵江鹏等，2015）。该扩孔用集束式反循环空气潜孔锤主要参数见表 3.6。

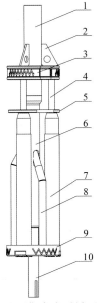

图 3.17　扩孔用集束式反循环空气潜孔锤

1.双壁接头；2.导正机构；3.配气室；4.导气管；5.连接板；6.中心管；7.单锤；8.排渣管；9.孔底密封盘；10.导向头

表 3.6 扩孔用集束式反循环空气潜孔锤主要参数

孔径/mm	长度/mm	重量/t	工作压力/MPa	耗气量/（m³/min）
710	3100	1.85	1.03～2.41	25～102
680	3500	2.05	1.03～2.41	25～102
580	3500	2.05	1.03～2.41	25～102

3.2.4 大直径湿式反循环空气潜孔锤

大直径湿式反循环空气潜孔锤钻进工艺集大直径潜孔锤碎岩钻进、泥浆湿式循环保护孔壁、泥浆介质反循环排渣屑和压缩空气封闭循环降低风压四种工艺于一体，其工作原理为：压缩空气经高压胶管进入水龙头的左侧通道，通过主动钻杆和圆钻杆的左侧风管进入空气潜孔锤内驱动冲锤做功，带动冲锤往复运动冲击钻头，做功后排出的废气由空气潜孔锤内部通道上返，经由钻杆右侧风管及主动钻杆、水龙头右侧通道排至大气中（殷琨和王茂森，1995；熊青山和殷琨，2011）。如图 3.18 所示的 FGC-15 型大直径湿式反循环空气潜孔锤钻具系统由吉林大学建设工程学院研制，施工完成 300 余口 800～1200mm 基础工程嵌岩灌注桩，最大孔深 53.7m，显示出该钻进工艺机械效率高、护壁效果好的技术优势。

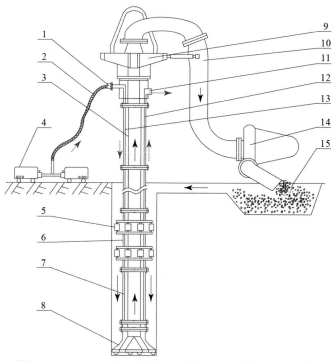

图 3.18 FGC-15 型大直径湿式反循环空气潜孔锤钻具系统

1.进气口；2.高压胶管；3.圆钻杆；4.空压机；5.导正器；6.加重块；7.空气潜孔锤；8.钻头；
9.水龙头；10.胶管；11.排气口；12.排气通道；13.进气通道；14.砂石泵；15.泥浆循环池

3.3　钻孔轨迹测量仪器

为保证矿山地面大直径钻孔钻进技术和工艺方案的成功实施，达到与井下巷道或硐室精确中靶的目的，在钻进过程中往往要用到钻孔轨迹测量仪器进行实钻轨迹的测量与纠斜工作。在生产实践中常见的有单点多点测斜仪、泥浆脉冲随钻测斜仪，以及电磁波随钻测斜仪等。

3.3.1　单点多点测斜仪

依据每次测量的测点多少，测斜仪分为单点、多点测斜仪；依据测斜仪器数据记录方法的不同，测斜仪分为照相测斜仪和电子测斜仪；依据仪器下入、起出方式的不同，可分为投捞式和自浮式。在矿山地面大直径钻孔施工中，单点、多点测斜仪主要用于导向孔实钻轨迹的测量，现阶段使用较多的为电子单点、多点测斜仪。

电子单点、多点测斜仪在国内简称为电子多点测斜仪，是在有线随钻测斜仪基础上发展而来的一种电磁类测斜仪，电子多点测斜仪将磁通门、重力加速度计、微处理芯片及存储元件装入探管，在探管内将测量的原始数据处理成孔斜角、方位角和工具面等数据，并记录和存储，当探管起出孔口后，使用普通计算机，通过专用软件读取数据实现输出。

电子多点测斜仪是磁罗盘类测斜仪的换代产品，由于在探管中增加了微处理芯片，仪器的操作更简洁、可靠，精度更高，使用范围更广。矿山地面大直径钻孔常用电子多点测斜仪技术指标见表 3.7。

表 3.7　常用电子多点测斜仪技术指标

技术参数	孔斜角/(°)		磁方位/(°)		磁工具面/(°)		工作温度/℃	总成外径/mm
	范围	精度	范围	精度	范围	精度		
HK51-01F 型	0~180	±0.15	0~360	±1.2	0~360	±1.2	-40~125	35/45
LHE4601 型	0~60	±0.1	0~360	±1.0	0~360	±0.5	0~125	35/45
EMS 系列	0~180	±0.2	0~360	±1.5	0~360	±1.5	-10~125	35/45
SQDD-X/Y 型	0~180	±0.1	0~360	±1.0	0~360	±1.0	-10~125	38/45
ESS 型	0~90	±0.5	0~360	±1.0	0~360	±1.5	<125	35

说明：磁方位精度为孔斜≥6°时数值；磁工具面为孔斜<8°时数值。

1. 电子多点测斜仪仪器组成

电子多点测斜仪主要由测量单元、井下保护总成、地面仪器及软件三部分组成。

1）测量单元

测量单元主要由探管和电池筒组成，如图 3.19 所示。

图 3.19 测量单元结构示意图

（1）探管

探管由传感器、控制及数据采集装置、数据存储和记录装置等组成。

探管传感器的主要作用是完成孔斜角、方位角、工具面角等参数的精确测量，其原理是通过精确测量测得重力加速度和地磁场强度在探管测量坐标系各轴上的分量，计算出孔斜角、方位角和工具面角。

控制及数据采集装置，用于信号采集、数据转换、定时设置等。

数据存储和记录装置，一般使用 ROM 式电子存储器对测量数据进行存储，待起出孔口后传输至地面仪器。

（2）电池

矿山地面大直径钻孔导向孔施工测量时，一般使用充电电池供电；当井深＞2000m 时，一般使用多节干电池组成的电池组为探管供电，确保电压稳定。

2）井下保护总成

为保护探管安全下入与测量，需要将测量单元放置于一个外保护总成内。外保护总成采用无磁材料做壳体，抗高压、密封性能良好。

井下保护总成由减震装置、扶正装置、加重杆、铜接头、打捞矛头等组成，典型连接方式与组成如图 3.20 所示。

①减震装置：仪器筒的上下两端各有一个垂向橡胶保护器，保护总成底部有减震器（单点定向时，选用定向减震引鞋），防止仪器下井时因受到震动冲击而出现故障。

②扶正装置：使测量总成轴线与钻柱轴线重合，一般位于井下保护总成上部。

③加重杆：又叫加长杆，加大测斜仪的总量，便于仪器下放；同时加长测斜仪的长度，使测斜仪轴线与钻柱轴线更好吻合。

④铜接头：一般在测量单元上下各设置一个铜接头（单点定向时，下端选用定向减震接头）。防止局部磁场对测斜仪的干扰。

⑤打捞矛头：用于连接、下放、打捞并回收仪器。

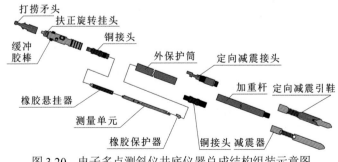

图 3.20 电子多点测斜仪井底仪器总成结构组装示意图

3）地面仪器与软件

地面处理仪器一般为普通计算机，无须增加专用地面机，改善了地面仪器的通用性，降低了测斜工作成本。

通过与仪器配套的专用软件与通信电缆，计算机可对测量单元进行单点、多点测量的初始化设置、数据输入、测量数据的输出与编辑。部分测斜仪应用软件集成定向井设计与轨迹计算功能，可进行定向井设计与实钻轨迹绘制。

2. 电子多点测斜仪的使用

电子多点测斜仪采用不同的组合形式可分别用于井眼测量和单点定向，由于无线随钻测量技术的进步，矿山地面大直径钻孔导向孔施工中较少应用单点定向功能，本书以北京合康科技发展有限责任公司生产的 HK51-01F 型测斜仪为例介绍其在多点测量中的使用。

1）地面检测与组装

①工作条件核实。核查仪器最大外径与钻具最小内径，确保仪器可投测至测量点；确定井底仪器承压、温度不超过仪器正常工作容许值。

②仪器检查与设置。检查仪器配套情况、电池电压，进行测量精度校验；使用专用软件对仪器进行延时、测量间隔等设置，测量延时设置应确保仪器在静止状态下开始测量，测量间隔应小于前一根钻具的起钻结束时间与后一根钻具的起钻开始时间的间隔。

③仪器组装。在平整的工作场地，依据仪器说明书要求，组装连接成电子测斜仪外保护总成，而后将测量单元挂在橡胶悬挂器上，在连接的同时，打开探管电源开关与启动开关，同时启动秒表计时；用摩擦管钳将外保护总成各处拧紧。

2）下井测量与记录

将组装好的电子多点测斜仪平稳下入孔内，等待仪器到达安装有托盘的测量点。

仪器下井、延时结束后，应等待仪器在井底测量 2～3 点后，方开始起钻，起钻过程同时记录每根钻具的起钻开始时间与结束时间。

3）仪器回收与数据输出

①仪器回收。起钻结束后，用安全方式将仪器从无磁钻具中取出，清理干净并拆卸外保护总成，取出测量单元。

②数据输出。按下测量单元控制面板停止按钮，关闭电源，使用专用通信电缆连接测量单元与计算机，而后打开测量单元电源键，使用电子测斜仪应用软件，进行多点数据接收。

③数据有效性判定。将多点数据中磁场强度、磁倾角等参数与现场参数进行比较，磁场强度误差≤0.5μT、磁倾角误差≤2°、校验和在 0.09 与 1.01 之间时，数据判定有效。

3.3.2　泥浆脉冲无线随钻测量系统

1. PowerPulse MWD 无线随钻测量系统

1）系统概况

PowerPulse MWD 是斯伦贝谢（Schlumberger）公司的新一代无线随钻测量产品，由于采用独特的连续压力波工作方式、一体化设计和自动遥感测量技术，其性能大大超越了其原有产品。

PowerPulse 发射的脉冲信号主要借助两个齿轮状的圆盘产生。如图 3.21 所示，位于仪器上面的齿轮固定不动，泥浆从齿轮间缝隙流出。位于仪器下面的齿轮在孔内仪器的控制下转动。在转动过程中，由于上、下齿轮叶片覆盖的轴向面积的变化导致泥浆流过截面积不同，引起立管压力变化。上、下齿轮的叶片所覆盖的环空截面是连续变化的，因此立管压力的变化也是连续的。地面仪器通过对检测到的这种连续变化的波进行滤波、解码、计算，最后得到孔内仪器传上来的数据。

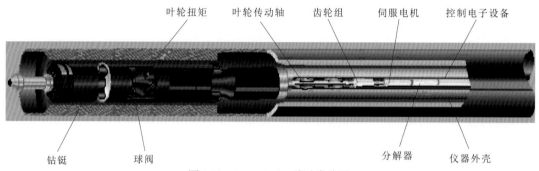

图 3.21　PowerPulse 脉冲发生器

PowerPulse 在技术上采用提高信噪比的技术（如差异检波法），使得泵噪声、井下动力钻具和其他噪声信号对脉冲信号的干扰大大减少，提高了仪器对井下信号的分辨率；电路板固定在探管外壁上，同时对其他元件也采取了固化和减震措施，提高了仪器的抗震能力；连续的压力变化避免了正、负脉冲传递信号时需要等待压力上升到一定幅度的时间，使其数据传输速度达到 6~10bit/s，是其他普通商业化泥浆脉冲随钻测量仪器的 10 倍以上；采用自动清洗齿轮技术，减少了堵漏材料对仪器正常工作的影响；高强度的碳化钨配件，减少了泥浆对配件的冲蚀。以上技术综合利用，使 PowerPulse 的可靠性得到了更进一步的提高。

此外，PowerPulse 可通过接收地面指令来改变工作方式，是实现地面-井下双向通信的典型仪器之一。通过改变泥浆排量，可以改变仪器的数据传输速度、存储器存储数据的速度及数据存储类型。改变数据存储类型，可以适应钻孔和地质条件的变化，确定何种数据需要实时传输及何种数据需要在井下存储。改变仪器传输速度，可以有效消除噪声，提高信号的分辨率。

2）系统特点

PowerPulse MWD 系统特点包括：①采用独特的连续波方式向地面发射脉冲信号，仪器性能可靠；②内部诊断及维修警告功能自动提示施钻人员何时需要对仪器进行维修，减小了施工的风险性和盲目性；③仪器可以在很宽的泥浆排量范围内工作，操作简单，不需要调节；④在未使用钻杆滤清器的情况下，可以在堵漏材料含量高达 70lb/bbl[①]（磅/桶）的条件下工作；⑤数据传输速度可以达到 10bit/s，在实时工作方式下，可以提高数据的传输量，从而得

① 1lb/bbl=2.853kg/m³。

（4）环境指标

BlackStar EM-MWD 电磁波随钻测量系统的环境指标参数见表 3.16。

表 3.16　BlackStar EM-MWD 电磁波随钻测量系统环境指标参数

参数	数值
冲击	1000g 之内正常工作，0.5ms，半正弦波；2000g 之内不损坏，0.5ms，半正弦波
振动	工作状态：正弦振动，峰值 15g，50~800Hz；随机振动最大 10g（rms）损坏条件：正弦振动，峰值 30g，50~800Hz；随机振动最大 20g（rms）

（5）孔内仪器参数

BlackStar EM-MWD 电磁波随钻测量系统的孔内仪器参数见表 3.17。

表 3.17　BlackStar EM-MWD 电磁波随钻测量系统孔内仪器参数

参数	范围	分辨率	精度
孔斜/(°)	0～180	0.05	±0.2
方位/(°)	0～360	0.18	±1.0
工具面/(°)	0～360	0.18	±1.5
地磁倾角/(°)	−90～90	0.1	±0.2
磁场强度/μT	0～70000	100	±200
高边伽马/cps	2000	1	±1（最大 120r/min）
低边伽马/cps	2000	1	±1（最大 120r/min）
伽马/cps	2000	1	±1
环空压力/psi	0～15000	1～8	1%
温度/℃	−20～150	0.07	±1
全振动/g（rms）	0～30	0.01	±0.5
转速/(r/min)	0～120	1	±0.5
近钻头孔斜/(°)	80～100	0.05	±0.1
	70～80/100～110	0.05	±0.5

4. 系统检测与设定

BlackStar EM-MWD 电磁波随钻测量系统的设定、测试及操作主要包括 EMVue 设置及测试、选择频率、仪器设置、双通道放大器电压表设定、EMXConfig 设置、发射器设置、环空压力设置、静态测量和动态测量参数结构设置、Monitor Transmitter A/D 测试、振动传感器测试、伽马设置等。

（1）EMVue 设置及测试

首先选择正确的即将记录测井数据的工作和轨迹，然后选择一个有效的频率及波特率。

（2）选择频率

在选择频率前，开启井场所有的设备如抽水泵、钻机、泥浆泵、转盘、发电机、空压机、空调等模拟正常钻进状态并做噪声分析，以找到设置仪器的最佳频率。程序会根据现场噪声推荐最佳频率和波特率，频率越高，孔深越深，越容易受噪声影响。

（3）仪器设置

主要包括两步：①使用 USB 电缆将 BlackStar 双通道放大器计算机端口连接到工作计算机 USB 端口；②使用设置电缆从 BlackStar 双通道放大器工具端口连接到通信杆。通信杆插入 BlackStar 发射器顶部，随后打开双通道放大器电源，打开仪器电源。

（4）双通道放大器电压表检测

电压表读数代表含义为：第一格=0mA；第二格=200mA；第三格=300mA；第四格=400mA；第五格=500mA。

当发射器处在关闭状态（即静止模式），表的指针应该在第一格或者附近。当发射器处在工作状态（大部分情况），表的指针应该在第二格与第三格之间。

如果指针处在或者超过第五格，说明仪器出现故障导致通过电流过大，应立即关闭仪器电源。

（5）发射器设置

可以根据现场条件将发射器输出功率选择为 5W 或 10W。

（6）时间模式转换

在时间模式中，仪器在传输一定数量的测量参数后在静态测量和动态测量之间转换，见表 3.18。

表 3.18 BlackStar EM-MWD 电磁波随钻测量系统时间模式

项目	描述
静态测量数量	时间模式中，这个值表示转换到动态测量前的静态测量数量
动态测量数量	这个数值表示仪器转换到静态测量前的动态测量数量

（7）仪器高边设置

在读取工具面角差之前，需将仪器摆置高边位置，然后读取工具面角差并保存到数据库中，完成设置仪器高边。

（8）设置孔斜门限值和孔斜滞后值

设置仪器从磁性工具面转换到重力工具面的孔斜门限（转换角）。孔斜滞后值是仪器从磁性工具面转换到重力工具面的孔斜角加减值的范围。例如：默认设置转换角是 5°，滞后 0.3°，则仪器在孔斜角大于 5.3°时会从磁性工具面转换到重力工具面，而当孔斜小于 4.7°时仪器又会从重力工具面转变为磁性工具面。

5. 地面设备连接及孔内仪器设备的组装与操作

地面设备主要包括天线、双通道放大器、计算机、电缆、显示器等部件，其连接主要是天线布局和双通道放大器及电脑的连接和设置，其他设备主要是电缆连接。

孔内仪器连接及测试主要将孔内仪器及电池筒连接后，通过测试棒分别连接放大器与孔内仪器，启动 EMX Configuration 程序，打开程序测试盒电源，等待 Progress Message 窗口结束，Terminal 窗口显示[Ok]表示探管启动联机正常。

6. 维护与保养

BlackStar EM-MWD 电磁波随钻测量系统维护与保养的要点包括：

①仪器卸开后逐一清洁并检查本体、丝扣、O 型圈及一些易损件（包括弹性扶正器、丝扣连接环、放气孔螺钉等）是否需要更换，清理丝扣及各个护丝，完毕后安装护丝。

②卸开定向引鞋使用黄油枪排出定向引鞋中环压孔内的污染物。

③将发射杆下部丝扣连接环、中心套筒拆开，取出制动销钉，做好该部位的检查清洁保养。

④检查提升头高强度销钉、铝质座、铝质盖的冲蚀情况，必要时更换。

⑤仪器本体冲蚀部位用铜质修复剂修补，但放气孔螺钉部位除外。

⑥至少每口井完钻后对放大器和钻参仪做好除尘工作。

⑦取出滑套后将滑套清理干净，检查是否损伤。

⑧若长时间不使用仪器则必须拆除所有橡胶扶正块螺钉。

3.4　配套附属装备

除钻机、钻具及专用设备、工具外，矿山地面大直径钻孔施工还需配套与钻进工艺相适应的附属装备，包括泥浆泵、空压机、固控系统、发电机组、孔口密封装置及相关卸扣装置等。

3.4.1　泥浆泵

泥浆泵是钻进循环系统中的核心装备。其主要功能是在钻进作业过程中向孔底输送一定流量、一定压力的泥浆或清水循环介质，用于冷却钻头、携带岩屑、润滑钻具、降低与孔壁摩擦，为孔底动力钻具提供动力等。因此，泥浆泵性能的好坏直接影响钻孔质量和施工效率。

矿山地面大直径钻孔钻进上返排渣通道大，为了及时清理孔底岩屑，减少重复破碎，泥浆泵的排量要大，相对而言对泵压要求较低。矿山地面大直径钻孔施工用泥浆泵主要有两类：地质勘探用双缸双作用泥浆泵和石油钻探用 F 系列、3NB 系列三缸单作用泥浆泵。

1. 双缸双作用泥浆泵

双缸双作用泥浆泵能够以较低能耗实现较大泵量，可有效降低使用成本，具有较强的技术优势，在实际工程中应用较为广泛。双缸双作用泥浆泵主要类型及参数见表 3.19。

表 3.19   双缸双作用泥浆泵性能参数表

技术性能	TBW-850/5B	TBW-1200/7C
额定输入功率/kW	90	185
额定冲次	66	70
冲程/mm	260	270
最高工作压力/MPa	8	8
最大缸套直径/mm	140	160
最大缸套排量/(L/s)	14.2	20
最大缸套泵压/MPa	5	7

2. 三缸单作用泥浆泵

三缸单作用泥浆泵主要用 F 系列、3NB 系列和 P 系列三类泥浆泵,如图 3.23 所示。

图 3.23   石油钻探 F 系列和 3NB 系列泥浆泵

F 系列泥浆泵为卧式三缸单作用往复式活塞泵,主要由动力端总成、液力端总成和各部位的润滑系统及冷却系统组成,液力端、动力端、喷淋泵、润滑链条箱的齿轮油泵及高压管线一端,均固定在底座上,使整个泵运转平稳,整机运输方便,曲轴为合金钢整体曲轴,结构简单,稳定性高。F 系列泥浆泵主要由宝鸡石油机械有限公司生产,包括 F500、F800、F1000、F1300、F1600、F2200 等泵组型号,使用较多的型号有 F500 泵、F800 泵、F1000 泵及 F1300泵,具体参数见表 3.20。

表 3.20   F 系列泥浆泵性能参数表

技术性能	F500	F800	F1000	F1300
额定输入功率/kW	368	588	735	956
额定冲次	165	150	140	120
冲程/mm	190.5	229	254	305
最高工作压力/MPa	26.8	34.3	34.3	34.3
最大缸套直径/mm	170	170	170	180
最大缸套排量/(L/s)	36.75	41.51	43.24	50.42
最大缸套泵压/MPa	9.3	13.6	16.4	18.5

3NB 系列泥浆泵与 F 系列泥浆泵结构形式相近，不同点在于曲轴为直轴体与偏心轮组合而成。常用泵组型号为 3NB350、3NB500、3NB1000 和 3NB1300 等。

3.4.2　空压机

无论实施空气正循环，还是空气反循环钻进工艺，均需要使用空压机将高压空气注入孔内，驱动空气潜孔锤工作并作为循环介质将岩屑携带至地面。矿山地面大直径钻孔施工用空压机排气量应达到 20～35m³/min，排气压力达到 2.0～3.0MPa，主要生产厂家有瑞典阿特拉斯、美国寿力和美国英格索兰（韩国斗山）系列产品，技术参数见表 3.21。

表 3.21　常用空压机及规格参数

厂家	型号	功率/kW	排气量/（m³/min）	排气压力/MPa
阿特拉斯	XRHS1150	328	31.7	2.5
	XRXS1275	429	35.9	3.0
	XRXS1350	429	37.8	2.5
寿力	900XHH	403	25.5	3.45
	1070RH	328	30.3	2.07
	1250XH	403	35.4	2.41
	1350XH	391	36.8	2.41
英格索兰	XHP900	293	25.5	2.41
	XHP1070	346	30.3	2.41
	XHP1170	403	33.1	2.41

3.4.3　固控系统

矿山地面大直径钻孔施工通常使用简易固控系统配制、循环处理泥浆，包含泥浆罐、振动筛、搅拌器和射流混浆装置等。简易固控系统配置见表 3.22。

表 3.22　简易固控系统配置

设备	常用型号	功率/kW	处理能力/（L/s）
振动筛	ZS83-108-3	2×1.72	35
	ZS70-105-3	2×1.5	30
	BWZS83-3P	2×1.72	23
	KSZS114-ALD	2×1.94	25
	LS584	2×1.86	22～29
混浆装置	SLH150-50	55	40
	KSSL550-45	55	45
	KSSL450-35	45	33
	JM40	45	33

设备	常用型号	功率/kW	处理能力/（L/s）
	JBQ11	11	
搅拌器	KAJBQ110	11	
	MA110	11	

3.4.4 发电机组

矿山地面大直径钻孔施工周期相对较长，若条件具备，应优先考虑外接动力电，可降低生产成本；若施工场地无外动力电可用，则采用柴油发电机组。基于钻机配套情况，固控系统、钻进辅助系统供电可采用单独机组，也可利用钻机动力外接节能发电机，因而主发电机功率应在 120～200kW 之间；辅助发电机功率约 50kW，主要为固控系统部分运转时提供动力及照明用电；备用发电机为 50kW，主要用于停待期间钻场照明及生活用电，并在辅助发电机故障时用于紧急驱动气路控制系统。发电机组技术较为成熟，常用发电机组及其参数见表 3.23，常用独立发电机及其参数见表 3.24。

表 3.23 发电机组参数

生产厂家	机组型号	输出功率/kW	配套柴油机型号	配套发电机型号	满负荷耗油量/（kg/h）
沃尔沃机组	XG-80-GF	80	VOLVO TAD521GE	TAD521GE	15
	XG-160-GF	160	VOLVO TAD733GE	TFW2-160-4	32
	XG-200GF	200	VOLVO TAD734GE	TFW2-200-4	43
康明斯机组	XG-50GF	50	4BTA3.9-G2	TFW2-50-4	10.4
	XG-75GF	75	6BT5.9-G2	TFW2-75-4	16
	XG-120GF	120	6BTAA5.90-G2	TFW2-120-4	21
	XG-200GF	254	6LTAA8.9-G2	TFW2-150-4	47
上柴机组	GF50	50	4135D-1	TFW2-50-4	/
	GF75	75	6135D-3	TFW2-75-4	/
	GF120	120	6135JZD	TFW2-120-4	/
	GF200	200	G128ZLD1	TFW2-200-4	/

表 3.24 发电机参数

生产厂家	发电机型号	输出功率/kW	发电机特点
西门子	IFC2 282-4	150	体积小、重量轻，无刷结构，采用数字式调压器
	IFC2 283-4	200	
斯坦福	UCI274G	145.6	发电机防护为 IP22、IP23 可选，适应重度灰层环境
	UCDI274K	200	
英格	EG280M-160N	160	转子线圈导线，多重绝缘
	EG280M-200N	200	

3.4.5　孔口密封装置

目前，国内空气钻进时，由于钻机类型的差异，配套孔口密封装置结构存在较大的差别（范黎明等，2011；袁光杰等，2011）。小型立轴式钻机或水源工程钻机在浅孔进行空气钻进时，通常是由箍套在钻柱上的橡胶密封和柔韧性护罩来阻止环空岩屑冲向钻台。石油系列钻机在深孔进行空气钻进施工时，采用欠平衡钻进用旋转控制头做孔口密封装置；此外，也可制造简易孔口密封装置，减少孔口粉尘，改善工作环境。

1. 旋转控制头

旋转控制头是空气钻进常用的孔口密封装置之一。国内使用的旋转控制头一般由旋转总成、壳体总成和控制系统组成，采用密封胶芯弹性密封方钻杆（或常规钻杆），使上返流体经由侧面的出口排出，根据密封形式可分为被动式和主动式两类。

①被动式：是通过高弹性胶芯预紧力和孔内气液压力产生助封力两种作用使胶芯与钻具形成过盈配合的一种密封型式。其优点是结构简单、维护方便，缺点是胶芯使用寿命较短。典型被动式旋转控制头结构如图 3.24 所示。

②主动式：是通过外部液压作用使环形胶芯与钻具形成过盈配合的一种密封型式。其优点是提高了胶芯的使用寿命，缺点在于结构较复杂，维护困难。

常用旋转控制头参数见表 3.25。

图 3.24　被动式旋转控制头结构

表 3.25 常用旋转控制头及其技术参数

型号	动压/MPa	静压/MPa	转速/(r/min)	高度/mm	胶芯数量	类型
GRANT 高压型	10.5	21	100	1422	1 或 2	被动
Williams9000 型	3.5	7	100	927	1	被动
Williams7000 型	10.5	21	100	1600	2	被动
FX35-10.5/21	10.5	21	100	1560	2	被动
XK28-7/14	7	14	100	925	1	被动
XK28-3.5/7	3.5	7	100	925	1	被动
Shaffer 低压型	3.5	7	200	914	1	主动

2. 简易孔口密封装置

简易孔口密封装置属于胶芯固定、被动密封式结构，依靠胶芯与钻杆间的过盈配合实现孔口密封，上返流体由侧部排渣口返出地面，改善孔口作业环境（赵江鹏等，2015）。图 3.25 所示为一种用于车载钻机的简易孔口密封装置，主要由锥形胶芯、上部管体、快接夹等组成。锥形胶芯材料为丁腈橡胶和氯丁橡胶，都属于一种超弹性材料，具有一定的流动性，受力后变形大，能充填并阻塞介质泄漏的通道，并与密封面形成接触压力实现密封。锥形胶芯利用橡胶这种显著特性，通过变形区的挤压和回弹密封不同直径钻杆。快接夹的连接结构可缩短上部机构的安装拆卸所需辅助时间。

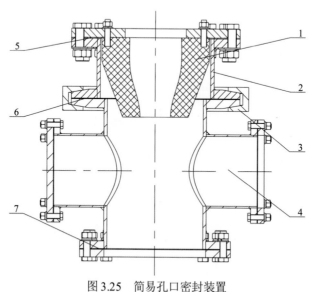

图 3.25 简易孔口密封装置
1.锥形胶芯；2.上部管体；3.快接夹；4.下部管体；5、6、7.连接法兰

3.4.6 液压卸扣机

车载钻机若采用卸扣大钳（或吊钳）松扣、动力头卸扣的钻具拧卸方法时，往往存在以

下几个问题：一是当新加接的单根钻具未钻进完成时，其上部丝扣高度仍处于卸扣大钳（或吊钳）可调节的拧卸高度范围之外，因而无法松扣，无法卸扣；二是矿山地面大直径钻孔施工配套扩孔钻头、大直径潜孔锤等外径尺寸大，车载钻机卸扣大钳（或吊钳）无法完成钻杆-钻头不等径连接丝扣、大直径潜孔锤上下接头连接丝扣等的夹持与拧卸工作，因此，车载钻机实施矿山地面大直径钻孔时需配套专用液压卸扣机。

液压卸扣机采用分体式设计，包括液压泵站、爬杆卸扣器、大径钻具卸扣器等，单个部件轻便、运输搬迁方便快捷。液压泵站与爬杆卸扣器连接后可进行新加接单根钻具上部丝扣的松扣。液压泵站与大径钻具卸扣器连接后可进行丝扣两端不等径的钻杆-钻头松扣卸扣、大直径潜孔锤等粗径钻具的松扣卸扣。

1. 液压泵站结构设计

液压泵站包括电动机、油泵、油箱、液压阀组与电器盒等部分，它能够为执行元件供油，控制压力油的方向和流量。卸扣装置的液压泵站放置于轮式底盘之上，有较好的可搬运性，结构紧凑。液压泵站的油箱盖上还装有空气过滤器、压力表和溢流阀。图 3.26 为空气潜孔锤泵站的结构组成示意图。

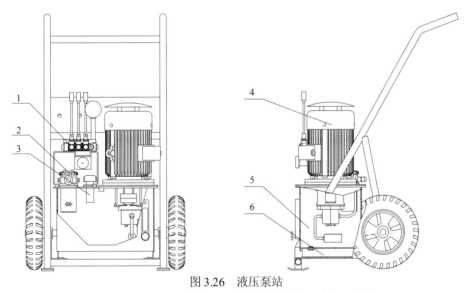

图 3.26　液压泵站
1.多路阀；2.回油滤油器；3.空气过滤器；4.电机；5.油箱；6.底盘

2. 爬杆式卸扣器

车载钻机在新加接钻杆施钻过程中，若发生孔内事故或钻头严重磨损需要提钻时，存在钻机卸扣器（或吊钳）无法卸开新加接钻杆上部丝扣的情况，以往只能采取振动钻杆、火烤丝扣部位甚至破坏钻杆的方式来实现松扣。为解决上述问题，设计了爬杆式卸扣器，如图3.27 所示。

爬杆式卸扣器夹持钻具直径范围为 125~235mm，最大卸扣器扭矩 50kN。爬杆式卸扣器与泵站之间采用快速接头连接，在泵站上设有控制爬杆式卸扣器动作的多路阀（王振亚等，2019）。

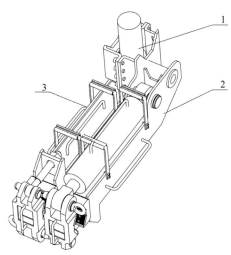

图 3.27 爬杆式卸扣器
1.卸扣钳；2.卸扣油缸；3.夹紧钳

　　爬杆式卸扣器带有夹紧钳与卸扣钳，夹紧钳体与卸扣钳体同样为焊接件，两钳体的一端通过卸扣油缸和盖板连接，盖板与夹紧钳体通过螺栓连接并与卸扣油缸组成转动副，夹紧钳与卸扣钳上分别装有一个夹紧油缸。图 3.28 所示为爬杆式卸扣器工作时的位置状态。

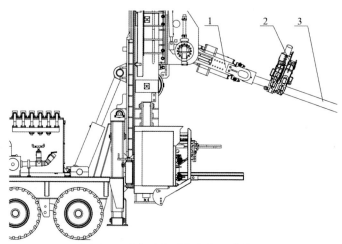

图 3.28 钻杆爬杆式卸扣器工作位置
1.动力头；2.爬杆式卸扣器；3.钻杆

　　使用时，首先根据钻杆上部丝扣处接头的直径调节活节螺栓的伸出长度，将两个活节螺栓分别与对应的卡瓦座使用销轴连接，使用钻机上的卷扬将爬杆式卸扣器吊起，从钻杆底部套入钻杆直至到达钻杆上部丝扣处，夹紧钳和卸扣钳分别置于动力头和钻杆上部丝扣的两侧；再将两个夹紧油缸收回夹紧钳上部丝扣，夹紧牢固后，使卸扣油缸伸长，卸扣钳体绕钻杆接头中心回转进行松扣；完成松扣之后，将两夹紧油缸伸出并取下爬杆式卸扣器；最后通过动力头的旋转卸下钻杆。

3. 大径钻具卸扣装置

大直径潜孔锤钻头与上下接头外径尺寸大、外径差别大，在施工现场换钻头和维修保养时，大直径潜孔锤螺纹丝扣的拧卸需使用配套专用卸扣装置。

大径钻具卸扣装置结构主要包括卸扣钳，底盘，夹紧钳，夹紧链条等，最大卸扣扭矩 130 kN·m，可满足 73～400 mm 范围钻具的旋转螺纹卸扣。卸扣装置的夹紧部位大小可以根据钻杆和钻头的尺寸方便调节。卸扣工作时，首先利用夹紧钳夹紧锤头，再通过调整卸扣钳将钻杆夹紧，最后向下伸出卸扣油缸使卸扣钳带动钻杆相对钻头做旋转运动来达到卸扣目的。图 3.29 为大径钻具卸扣器夹持钻具示意图。

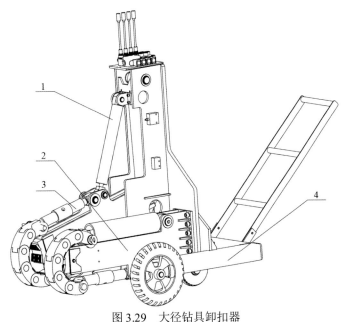

图 3.29　大径钻具卸扣器
1.卸扣油缸；2.夹紧钳；3.卸扣钳；4.底盘

第4章 矿山地面大直径钻孔成孔技术

矿山地面大直径钻孔施工的特殊性主要表现在钻孔垂直度要求高、靶点范围小、下管难度大、固井难度大等方面，在每个施工环节都必须要有可靠工艺方法作为技术保障（杨文清等，2008；袁志坚和熊亮，2014）。本章介绍了泥浆正循环钻进、钻孔防斜与纠斜、套管下放安装、固井注水泥浆等矿山地面大直径钻孔施工常用的几种较为成熟的工艺方法。

4.1 泥浆介质正循环钻进工艺

在采用泥浆作为循环介质、以正循环方式进行钻孔冲洗时，泥浆介质是被泥浆泵组压入，沿钻杆柱中心进入孔底，然后从钻头水口喷出，携带岩屑经由钻杆与孔壁形成的环状空间上返至孔外的。由于泥浆介质正循环钻进配套装置技术较成熟、数量较少，因此，采用三牙轮钻头或 PDC 钻头施工导向孔、使用牙轮扩孔钻头逐级扩孔，以泥浆介质正循环方式排屑是矿山地面大直径钻孔最为常见一种施工方法（季学庭，2009；王永全等，2009；杜贵亭，2010）。本小节主要从常用钻头的碎岩机理和泥浆正循环钻进规程两方面，介绍了矿山地面大直径钻孔泥浆介质正循环钻进工艺方法。

4.1.1 常用钻头碎岩机理

1. 牙轮钻头的碎岩机理

牙轮钻头在孔底工作时，钻头及其牙轮绕钻头轴线旋转，同时因地层对牙轮牙齿阻力作用，也使牙轮绕其自身轴线旋转。牙轮牙齿与孔底的接触面积小、比压高、工作扭矩小、工作刃总长度大，因而牙轮钻头可适用于多种性质的地层。

牙轮钻头主要依靠牙齿冲击、挤压破岩，辅以剪切作用。在钻进时，牙轮钻头上承受的钻压经牙齿作用在岩石上，除静载外还有冲击载荷。在牙轮滚动过程中，以单齿和双齿交替与孔底相接触，当单齿着地时，轮轴心升高一点，滚至双齿着地时，轮轴心降低一点，如此交替进行，钻头便随牙轮轴心高低的位移产生往复运动，从而实现冲击、挤压碎岩作用（图4.1）。此外，牙轮钻头的超顶、复锥和移轴设计（图4.2），使得牙轮齿相对孔底滚动的同时还存在滑动运动，对孔底产生一定的剪切和研磨作用。因此，牙轮钻头破碎岩石是一种冲击加剪切的联合碎岩作用。

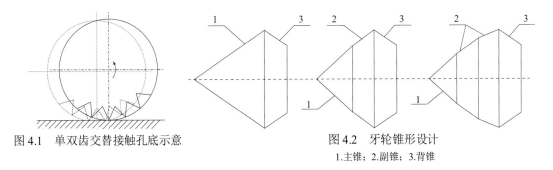

图 4.1　单双齿交替接触孔底示意　　　图 4.2　牙轮锥形设计
　　　　　　　　　　　　　　　　　　1.主锥；2.副锥；3.背锥

2. PDC 钻头的碎岩机理

PDC 钻头是切削齿以回转切削方式对孔底岩石进行破碎的。对于具有一定的弹性和塑性的岩石，整个碎岩切削过程与金属切削过程相似。

岩石的切削过程实质上是一种挤压过程。在挤压过程中，岩石主要以滑动变形方式成为切屑。当岩石开始接触切削齿的刀刃最初瞬时，接触点的应力使岩石内部产生弹性应力和应变；当切削刃逼近岩石时，岩石内部的弹性应力逐渐增大，在岩石内某一位置剪切应力达到岩石的屈服强度，因而岩石开始沿剪切力相等的"初滑移面"滑移（图 4.3 PDC 钻头破岩特点），这个滑移面的左边代表弹性变形区域，右边代表塑性变形区域。

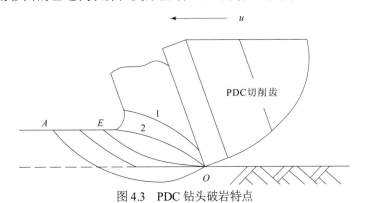

图 4.3　PDC 钻头破岩特点

岩石经过 OA 面在当切削刃移动时，滑移变形越来越大。当岩石移到 OE 时，图中岩层 1 和 2 之间将不再沿 OE 滑移，而是一起沿切削齿前倾面流出，所以称 OA 为初始滑移曲线，而称 OE 为终止滑移曲线。

当岩石沿前倾面流出时，由于受到切削齿前倾面的压力和摩擦，切削的底层（靠近前倾面的一层）产生较大的挤压和剪切变形，结果下层膨胀，切削向前倾面相反方向流出，离开前倾面而成为切屑。

上述是切屑形成的典型过程，切削层首先产生弹性变形，经过切削层滑移和切削层离开切削齿等阶段而完成切削。由于 PDC 钻头底部是凹锥形，其空间体积很小。当泥浆以一定的射流喷射速度喷出并冲击孔底时，凹锥形空间形成很高压力，岩屑在此高压力作用下能及时脱离孔底流向环空。因此，PDC 钻头在切削破岩时不存在由于压差作用而引起的岩屑清除障碍问题。

4.1.2 泥浆正循环钻进规程参数

泥浆正循环钻进规程参数主要包括钻压、转速、泵量、泵压等。矿山地面大直径钻孔在导向孔钻进和扩孔钻进过程中，钻进规程参数有着显著的差异。其中，导向孔直径一般为216mm或311mm，与常规小直径钻孔的钻进规程参数相同。

在扩孔钻进时，由于扩孔直径大，钻压、转速和泵量的选择均有较大区别。

（1）钻压

扩孔牙轮钻头的单位面积钻压要小于三牙轮钻头。这是因为扩孔钻头在孔底的受力状况明显比三牙轮钻头更复杂更恶劣，同时在扩孔钻头导向头与钻杆共同作用下会对扩孔钻头形成双约束体，在钻进过程中表现为钻具震动大，易产生跳钻、憋钻现象，对整体强度产生负面影响；另外，扩孔钻头牙轮的牙掌选型相对较小，类似于小马拉大车，过高的钻压会使牙轮轴承过早损坏。实践证明，扩孔牙轮钻头合理的钻压应在50~100N/mm之间，在实际钻进过程中根据地层情况进行适当调整。

（2）转速

钻头转速主要取决于牙齿破碎岩石所需的时间、钻进地层岩石的抗压强度及牙轮轴承的承受能力，因此，扩孔钻头转速要低于三牙轮钻头转速。

根据苏联学者比留科夫对硬质合金齿破碎岩石的研究，齿与岩石接触时间为0.02~0.03s。如果小于该时间，齿对岩石的压力作用效果就会急剧下降。将该理论应用于牙轮钻头，可得出扩孔牙轮钻头的转速范围。设牙轮锥体大端直径为d，大端齿数为z，钻头直径为D，则钻头转速n由下列公式确定：

$$n = \frac{60d}{Dkzt} \tag{4.1}$$

式中，n为钻头转速，r/min；k为速度损失系数，$k=0.95$；t为硬质合金齿与岩石接触时间，t为0.02~0.03s。

钻头使用过程中，钻压和转速范围不能同时使用上限值，否则钻进过程会产生严重的憋跳，容易造成孔内事故。

（3）泵量

泵量主要依据所需携带岩屑的数量和岩屑颗粒大小来确定，与携带岩屑所需的上返速度息息相关。

泥浆上返流速与泵量成正比，泵量越大，上返流速越大，泥浆携带岩粉的能力越强，孔底清洁效果越好。当岩屑颗粒的沉降速度小于泥浆上返速度时，则岩屑颗粒会被泥浆携带上返。泥浆上返速度v可由下式确定：

$$v = \omega + \mu = k\sqrt{\frac{d_1(\gamma_1 - \gamma_2)}{\gamma_2}} + \mu \tag{4.2}$$

式中，v为泥浆上返速度，m/s；ω为岩屑颗粒沉降速度，m/s；μ为岩屑上移流速，m/s；k为颗粒形状系数，通常可取2.5~4；d_1为岩屑粒径；γ_1为岩屑密度；γ_2为泥浆密度。

求出泥浆上返速度 v 后，则所需的泵量可由下式确定：

$$Q = \frac{v \cdot \pi (D^2 - d^2)}{4}$$（4.3）

式中，D 为钻孔直径，m；d 为钻杆外径，m。

4.2　垂直钻孔偏斜原因与防斜技术

造成垂直钻孔偏斜的根本原因是孔底粗径钻具轴线偏离了钻孔轴线。粗径钻具轴线偏离钻孔轴线的方式可能是偏倒，也可能是弯曲。因此，产生钻孔偏斜的必要而充分的条件是：

①存在孔壁间隙，为粗径钻具提供了偏斜的空间条件。

②具备偏倒（或弯曲）的力，为粗径钻具轴线偏离钻孔轴线提供动力，即提供了偏斜的力学条件。

③粗径钻具倾斜面方向稳定。粗径钻具倾斜面是指偏倒（或弯曲）的粗径钻具轴线与钻孔轴线所决定的平面。

孔壁间隙和偏倒（或弯曲）力是实现钻孔偏斜的必要条件；粗径钻具倾斜面是产生钻孔偏斜的充分条件。

4.2.1　垂直钻孔偏斜原因

实践表明，垂直钻孔发生偏斜的原因是多方面的，如地质条件、钻具结构、钻进技术措施以及人员操作水平等。但归纳起来主要分为三大类：地质、技术和工艺因素。地质因素主要指岩石的各向异性和软硬互层。技术因素主要包括设备安装、钻具的结构和尺寸等，具有人为性质，一般可以避免。工艺因素主要指钻进方法、钻进规程和孔内钻具工作状态等（鄢泰宁，2001）。

1. 地质因素

煤矿区地面钻孔钻遇地层几乎全部是具有层理特征的沉积岩，同一地层在不同方向上具有明显的各向异性，且同一钻孔会穿过覆盖层、砂岩、泥岩、灰岩以及煤等各种不同硬度的地层，时常会钻遇软硬互层的情形。

对于沉积岩的各向异性特点，因钻头沿垂直于岩层方向钻进时的岩石破碎效率最高，平行于层理的方向，效率最低，倾斜方向的破岩效率居中。因此，在倾斜岩层中钻进时，钻孔倾斜可分为三种情形：当地层倾角小于 45° 时，钻头易偏向垂直地层层面的方向；当地层倾角超过 60° 以后，钻头易沿着平行地层层面方向下滑；当地层倾角在 45°～60° 之间时，钻头偏向不确定。对于钻遇软硬互层的沉积岩层时，在倾斜地层情形下，垂直钻孔钻头由软岩进入硬岩时，容易发生"顶层进"现象；由硬岩进入软岩时，容易发生"顺层跑"现象。

除上述地质因素的影响以外，钻遇含有卵石、砾石或漂石的岩层时，钻头受到岩石硬块的阻碍，钻孔往往朝着容易通过的方向偏斜；钻遇大裂隙、且交角又不大的时候，钻孔往往沿裂隙面的方向偏斜；然而，钻遇较厚的松散岩石、溶洞、采空区时，钻孔则易趋于下垂，即不易发生偏斜。

2. 技术因素

设备安装这一技术因素是明显的人为因素，通常可以避免。因此，这里仅介绍钻具结构和尺寸的影响。

钻具结构和尺寸因素主要包括粗径钻具的刚度、钻头唇部形状、粗径钻具的长度和孔壁间隙、底部钻具组合等。其中，靠近钻头的孔底钻具即底部钻具组合的影响是最大的。

底部钻具组合的弯曲和倾斜将直接造成钻孔的偏斜，可从两方面产生不利的影响：一是使孔底钻头发生倾斜，造成孔底钻头的不对称切削；二是使钻头受到侧向力的作用，迫使钻头进行侧向切削，造成钻孔轨迹不断偏离原钻孔预期方向。图 4.4 为钻具组合因素造成钻孔偏斜的示意图。

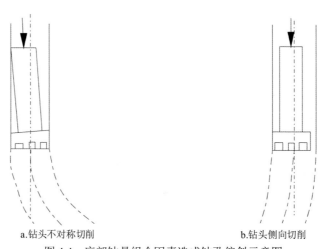

a.钻头不对称切削　　　　　　　b.钻头侧向切削

图 4.4　底部钻具组合因素造成钻孔偏斜示意图

3. 工艺因素

不同的钻进方法具有不同的碎岩特点、不同的钻孔扩大率，即可导致不同的孔壁间隙，为钻孔偏斜创造出不同程度的空间条件。

不同的钻进工艺参数也是造成钻孔偏斜的重要原因。钻压过大，会引起钻杆柱的弯曲，使钻头紧靠孔壁一侧。钻速过高，钻杆柱离心力增大，从而加剧钻具的横向震动和扩壁作用，使孔壁间隙增大。泵量过大会冲刷破坏孔壁，特别是对于较软的地层，泵量的影响更大。

4.2.2　垂直钻孔防斜与纠斜技术

矿山地面大直径孔多为近垂直钻孔，防斜、纠斜技术是确保能够精确中靶的重要手段。

1. 满眼钻具组合

满眼钻具组合控制钻孔偏斜是垂直钻孔防斜的重要方法之一，其基本思路是增强靠近钻头位置的底部钻具刚度，通常是在底部钻具增加扶正器（直径比钻头略小 1～2mm）。满眼钻具组合结构具体要求是：在靠近钻头约 20m 长的钻铤上适当安置扶正器，形成满眼钻具组合。扶正器数目、安装位置，以及其与钻头直径匹配关系等三方面参数是影响满眼钻具组合效果的重要因素，不同学者对其有着各不相同观点。在此以满眼钻具组合为例予以说明，满眼钻具组合如图 4.5 所示。

图 4.5　满眼钻具组合结构示意图

①扶正器 1：其位置装在钻头之后，简称近扶。该扶正器外径与钻头外径相差 1～2mm。在易斜地区近扶的长度可加长；在特别易斜的地层，可将两个扶正器串联起来作为近扶。近扶的主要作用：依靠其支撑在尚未扩大的孔壁上产生的力，以抵抗钻头所受的侧向力，可有效防止钻头侧向切削；同时，近扶外径大、长度长、刚性大，也可有效地防止钻头倾斜，从而阻止钻头的不对称切削。

②扶正器 2：简称中扶或二扶，中扶位置需要经过严格计算，其外径与近扶相同。中伏主要作用是：保证中扶与钻头之间的钻柱不发生弯曲，减小钻柱倾斜，从而防止钻头对孔底的不对称切削。

③扶正器 3：简称上扶或三扶，其安置位置在中扶之上一个钻铤单根处。上扶的外径一般与近扶和中扶相同。

④扶正器 4：简称四扶，一般情况下可不装，仅在特别易斜的地层才使用。其安置位置在上扶之上一个钻铤单根处，外径要求与上扶相同。上扶与四扶的作用在于增大下部钻柱的刚度，辅助防止中扶防止下部钻柱轴线发生倾斜。

中扶位置的计算是满眼钻具组合设计的核心。下部钻具受力的力学模型如图 4.6 所示。钻头相对于孔径中心线的偏移角 $\theta = \theta_{c} + \theta_{q}$；中扶距钻头的距离增大，则 θ_{c} 减小，但 θ_{q} 增大；中扶距钻头的距离减小，则 θ_{c} 增大，但 θ_{q} 减小。因此存在最优距离 L_{p} 可使 θ 最小。

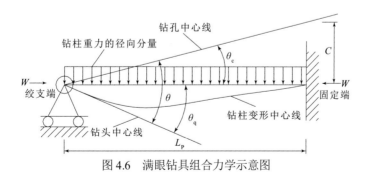

图 4.6　满眼钻具组合力学示意图

可结合实际简化为

$$L_{p} = [(16CEJ)/(q_{m}\sin\alpha)]^{0.25} \tag{4.4}$$

式中，L_p 为中扶距钻头的最优长度，m；C 为扶正器与孔径的半间隙：$C=(d_h-d_s)/2$，m；d_h 为钻孔直径，m；d_s 为扶正器外径，m；E 为钻铤钢材的杨氏模量，kN/m²；J 为钻铤截面的轴惯性矩，m⁴；q_m 为钻铤在泥浆中的线重，kN/m；α 为允许的最大钻孔偏斜角，（°）。

需要说明的是，满眼钻具组合防止钻孔偏斜主要作用是控制孔径曲率半径，在当前钻孔轨迹情况下防止钻孔偏斜过大变化，其本身不能控制钻孔偏斜角的大小；另外，当孔径增大时，满眼钻具防斜效果会变差。

2. 钟摆钻具组合

钟摆摆过一定角度时，在钟摆上会产生一个向回摆的力 G_c，称作钟摆力，$G_c=G\sin\alpha$。显然，钟摆摆过的角度越大，钟摆力就越大。

因此，如果在钻柱的下部适当位置加一个扶正器，该扶正器支撑在孔壁上，使下部钻柱悬空，则该扶正器以下的钻柱就好像一个钟摆，也会产生一个钟摆力，此钟摆力的作用是使钻头切削孔壁的下侧，从而使新钻的孔径不断降斜。钟摆钻具组合其原理如图 4.7 所示。

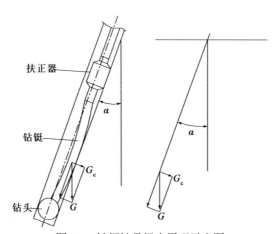

图 4.7　钟摆钻具组合原理示意图

钟摆钻具组合设计的关键在于计算扶正器至钻头的距离 L_z，此距离过小则钟摆力小，距离过大则扶正器和钻头间的钻柱与孔壁会产生新的接触点。L_z 最优距离公式为

$$L_z=\sqrt{\dfrac{\sqrt{B^2-4AC}-B}{2A}} \qquad (4.5)$$

式中，$A=\pi^2 q_m\sin\alpha$；$B=82.04Wr$；$C=184.6\pi^2 EJr$；$r=(d_h-d_c)/2$，m；W 为钻压，kN；d_h 为孔径，m；d_c 为钻铤直径，m。

考虑到扶正器的磨损和孔径的扩大，在实际使用时，扶正器至钻头的距离可比理论计算值减少 5%～10%。

3. 塔式钻具防斜钻具

塔式钻具是在钻头之上，使用若干段直径自下而上逐渐减小、形如塔状的钻铤组合。塔式钻具特点是下部钻具的重量大、刚度大、重心低、与孔径间隙小，一方面能产生较大钟摆力来防止钻孔偏斜，另外稳定性好，有利于钻头平稳工作。塔式钻具是国内外广泛使用的一种防斜钻具，它钻出的孔径规则，钻孔偏斜变化率小，对孔径易扩大地层特别有效。

实践表明，塔式钻具的关键在于下部钻具的重量大、重心低。因此底部钻铤应尽可能使用大钻铤，使其后的套管易于下入；钻铤柱的重心要低于全部钻铤长度的 1/3，所加钻压应控制在全部钻铤重量的 75%～80%以内，以防钻压过大使上部钻铤和钻杆严重弯曲，易导致钻孔发生偏斜。在使用塔式钻具时，因环空间隙小，循环泥浆时泵压较高，钻机回转负荷较大，需特别注意泥包及易坍塌地层卡钻等问题。

4.2.3　螺杆钻具定向纠斜钻进技术

螺杆钻具又称定排量马达，是目前定向钻进最常用的容积式孔内动力钻具。其本质是一种能量转换装置，通过向螺杆钻具输入持续排量的高压流体，将高压流体的液压能转化为钻头回转破碎岩石的扭矩和转速。螺杆钻具在油气勘探开发领域广泛应用，其中又以液动螺杆的普及率最高，绝大多数螺杆钻具采用液力驱动，通过高压钻进循环泥浆即可实现。螺杆钻具配合随钻测量仪器，可实现不同要求的定向纠斜钻进。

1）螺杆钻具结构原理

螺杆钻具能够实现定向纠斜钻进，基于螺杆钻具特殊的结构原理。螺杆钻具的结构组成主要包括：旁通阀总成、螺杆马达总成、万向轴总成和传动轴总成。其结构特征示意如图4.8 所示。

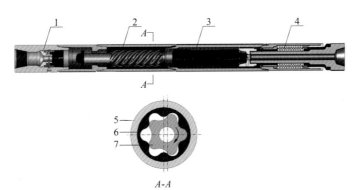

图 4.8　螺杆马达结构特征示意图

1.旁通阀总成；2.螺杆马达总成；3.万向轴总成；4.传动轴总成；5.外管；6.橡胶衬套；7.转子

螺杆马达总成是一个泥浆驱动的容积式动力机，包含转子和定子两个元件。转子是一根表面镀有耐磨材料的钢制螺杆；定子，则是一根在内壁硫化有橡胶衬套的钢管，橡胶衬套内孔为一螺旋曲面形腔。一般状况下，定子固定，转子在压力泥浆驱动下绕定子的轴线作行星运动，随着转子在定子中的转动，密封腔沿着轴向移动，不断的生成与消失，完成液体压力能向机械能的转换；万向轴上端与转子相接，其作用是把转子行星运动中的自转部分传递给传动轴，使传动轴作定轴转动，以驱动装在它下端的钻头；传动轴与万向轴下端相接，用来传动钻具产生的轴向力并对其进行导正，保证其正常工作位置；旁通阀在马达的上端，是螺杆钻具的辅助部分，其作用是在起下钻（停泵）时，由旁通口提供钻柱内外泥浆的通道，当泥浆流量和压力达到标准设定值时，阀芯下移，旁通口关闭，压力泥浆全部进入马达，把压力能转化为机械能而正常工作。

2）螺杆马达定向纠斜工艺技术

当垂直钻孔偏斜过大，需采用螺杆钻具实施定向纠斜。由螺杆钻具的结构原理和工作特性可知，螺杆钻具能够进行定向纠斜钻进，主要基于以下两点：

①钻进不需要钻杆回转。泥浆泵输出泥浆经旁通阀进入螺杆马达，在马达进出口形成一定压差，推动马达的转子旋转，通过万向轴和传动轴将转速和扭矩传递给钻头，从而达到碎岩的目的。

②螺杆钻具带有一定结构弯角。螺杆钻具的结构弯角是定向纠斜钻进工艺的关键点之一，万向轴总成保证带有一定结构弯角的螺杆钻具能够顺利将钻进扭矩、转速等传输给钻头，保证钻头碎岩的钻进动力。螺杆钻具的弯角指向，即螺杆钻具在定向钻孔孔内的姿态（图4.9）参数称为工具面向角；在使用螺杆钻具进行定向纠斜钻进的过程中，通过改变螺杆钻具的工具面向角，实现钻孔轨迹的定向控制。螺杆钻具工具面向角对于垂直钻孔轨迹的控制主要参照磁力高边的定位。通过人工设置，不同的工具面向角可代表螺杆钻具结构弯角在孔内的不同指向。一般情况下，使用螺杆钻具进行垂直钻孔定向纠斜钻进，其弯角指向与工具面向角之间的对应关系如图4.10所示。

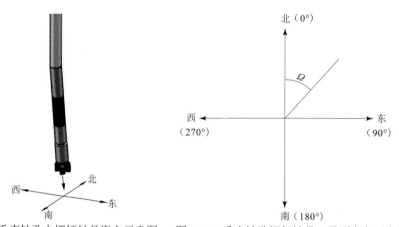

图4.9　垂直钻孔内螺杆钻具姿态示意图　　图4.10　垂直钻孔螺杆钻具工具面向角示意图

由图4.9、4.10可知，在与钻头轴线（钻孔轴线）垂直的平面上，可建立螺杆钻具弯头指向与工具面向角（Ω）对应的关系。垂直钻孔对应关系为

①弯头指向正北，工具面向角指定为0°。

②钻杆顺时针回转0°~360°，带动弯头旋转，依次指向东北、东、东南、南、西南、西、西北、北，此时对应的工具面向角与地理方位角相同。

采用螺杆钻具进行垂直定向纠斜钻进时，重要的是保持钻孔轨迹铅垂向下，理想状态下的钻孔轨迹就是向下延伸的螺旋线。任何工具面向角值都可能使轨迹增斜或者降斜，主要依据当前的钻孔偏斜和方位角而定，工具面向角指向与方位角方向相向即是增斜，反之则降斜。

由于螺杆钻具在钻进过程中不回转，钻头切削岩石产生的反扭矩会造成螺杆钻具反转，即改变当前工具面向角的反扭角，因此在定向轨迹控制时，需提前预留一定 Ω_0，以补偿反扭角的影响。岩层越硬，破碎所需扭矩越大，反扭角越大。

使用螺杆钻具进行垂直钻孔定向纠斜钻进时，通过选用或调节 0°～3° 不同的定向弯外管，可实现不同的定向效果。根据垂直钻孔轨迹特征，在钻进过程中，通过分析随钻测斜数据，调整螺杆钻具的工具面向角，控制钻孔偏斜达到预定目标。使用随钻测斜系统时，为保证测斜数据真实可靠，需在与螺杆钻具连接的测斜仪器（其外管为无磁钻杆）上下分别连接无磁钻具，避免磁干扰。

使用螺杆钻具进行定向纠斜钻进，其钻进工艺参数也是重要的内容。螺杆钻具的钻进工艺参数主要指钻压 P 和转速 n。由螺杆钻具的结构原理和工作特性可知，钻压决定于螺杆钻具的压力降，转速决定于通过螺杆的流量。因此可得知：控制螺杆钻具钻进工艺参数，需控制泥浆泵的排量与泵压，也就是控制了马达的输出扭矩和转速；通过调节流量来进行转速调节，由压力变化来判断和显示孔底工况。

4.3　下套管工艺

下套管是矿山地面大直径钻孔施工重要工序之一，是确保矿山地面大直径钻孔能够达到使用年限要求的主要手段。矿山地面大直径钻孔用套管多为无缝钢管、螺旋钢管或直缝钢管，石油标准系列套管仅有 2～3 种规格能够满足 600mm 以下矿山地面大直径钻孔的需要。由于矿山地面大直径钻孔常用套管外径大、壁厚、质量大，下套管工艺有着鲜明的技术特点。按照入孔套管柱最大质量与钻机提升力的关系，矿山地面大直径钻孔下套管工艺分为直接提吊法和提吊浮力法两种（莫海涛，2014；刘波和马黎明，2014）。

4.3.1　技术特点

1. 套管尺寸与孔径配合

套管尺寸与孔径（钻头）尺寸匹配关系及其选配直接影响工程项目的顺利实施和成本控制。其选择和确定的方法包括：确定孔身结构尺寸由内向外、由下向上依次进行，首先确定终孔套管尺寸，再确定对应孔径尺寸，然后确定上级技术套管尺寸等，以此类推，直至确定表层套管及其孔径尺寸；套管与孔径之间的间隙根据下入套管尺寸和深度确定，孔深越大、套管尺寸越大，则套管下放过程中与孔壁的接触面越大，容易产生较大的吸附阻力，间隙设计应适度增大。

目前油气井勘探开发领域的套管尺寸和孔径（钻头）尺寸的配合选择已形成相关标准，对于终孔孔径不超过 508mm 的钻探工程，套管与其相应孔径的尺寸配合已基本确定或在小范围内变化。需要说明的是，国内矿山地面大直径钻孔终孔直径多在 300～1200mm 之间，所用套管采用焊接方式连接，规格型号以常见的无缝钢管、螺旋钢管和直缝管型号为主，也可根据实际钻孔情况定制加工；大直径扩孔钻头无标准规格，可根据实际钻孔情况加工。结合已形成的石油套管和孔径尺寸选择系列和国内大量施工案例，常用煤矿区地面大直径钻孔套管与孔径（钻头）尺寸选择配合参考表 4.1。当地层较稳定、钻孔轨迹垂直度高、曲率小、孔壁泥皮厚度小且套管设计下入深度较浅时，钻头尺寸可选择下限，否则选择上限，上级套管根据壁厚适当选择。

表 4.1 常用规格套管与孔径（钻头）的匹配关系

套管/钻头	尺寸/mm			
套管	406.6	426/428	450	478/480
钻头	508	550	600～630	650～680
套管	600	630	710/720	720/760
钻头	800	800～850	850～980	980～1100
套管	920	920	920/1020/1220	1220
钻头	1100～1200	1100～1200	1100～1600	1600

2. 套管连接

矿山地面大直径钻孔用套管大多以焊接方式连接，焊接的要求主要有两点：一是焊缝质量好，二是套管同轴度高。

1）焊缝质量

国内已发布了多种关于钢材焊接质量的标准或规范，涉及钢结构建筑、压力容器制造等方面。大直径钻孔套管焊接技术要求可参考《钢质管道焊接及验收》（GB/T 31032—2014）执行，焊接应采用氩弧焊对接焊接。

2）套管同轴度

大直径套管两端没有螺纹，焊接时将孔外套管与已入孔套管端口对正焊接。理论上套管轴线应与套管端口面垂直，因此只需提吊孔外套管与已入孔套管对接后即可焊接。但由于套管加工过程中的误差，简单地将两根套管端口对正焊接并不能确保同轴度。因此，大直径套管连接处采用焊接扶正板，消除上部套管对接时的错位，如图 4.11 所示。

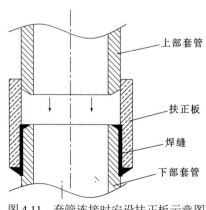

图 4.11 套管连接时安设扶正板示意图

3. 提吊工具

大直径钻孔固井套管下放时的提吊工具主要有两种：吊卡和提吊棒。

1）吊卡

石油套管已形成标准规格系列，相应的吊卡也应用广泛。借用石油套管吊卡原理，可加工大直径吊卡用于套管下放，图 4.12 为侧开式吊卡结构示意图。需要说明的是，由于矿山地面大直径钻孔的孔径尺寸和套管规格与实际需求相适应，多数套管规格大于石油系列套管，因此石油套管用吊卡并不具有普适性，在矿山地面大直径钻孔施工的套管下放使用并不常见。

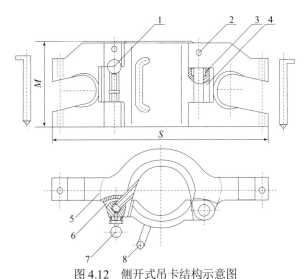

图 4.12　侧开式吊卡结构示意图

1.锁销手柄；2.螺钉；3.上锁销；4.活页销；5.主体；6.活页；7.开口销；8.手柄

2）提吊棒

提吊棒是大直径套管下放过程中常用的提吊工具，套管提吊棒使用方法如图 4.13 所示。

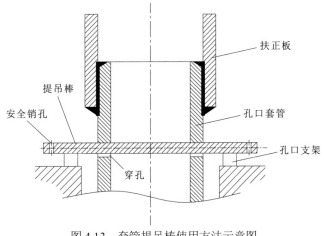

图 4.13　套管提吊棒使用方法示意图

①在大直径套管两端距离端面 50cm 左右同水平位置，沿直径线两侧切割两个对穿孔，对穿孔直径稍大于提吊棒直径，切割下来的管壁块留作后用。

②提吊棒成对使用。一根提吊帮放置于孔口支架上，用于提吊已入孔的孔口套管，另一根提吊帮连接于吊车或钻车的吊绳，用于提吊下一根待入孔套管。

③提吊棒长度应大于孔口支架的距离，提吊棒需可承受套管柱最大重力对其施加的剪切力。

④提吊棒两端设有安全销孔，踢掉过程中需插入安全销棒，以防止提吊绳脱落。

⑤使用钢丝绳提吊套管与下部孔内套管焊接完成后，提起套管柱，抽出另一根提吊棒，同时该提吊棒对应的对穿孔焊接封堵，检查所有焊缝满足使用要求后才可将套管下入孔内。

4. 通井

通井是大直径套管下放前必要的辅助措施，通井管选用单根套管即可。由于大直径套管外径大，通井管与钻具的连接方式有其特殊性，图 4.14 为通井管连接示意图。

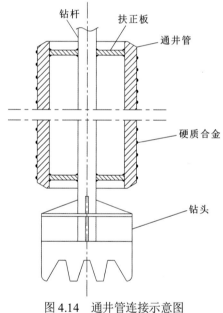

图 4.14　通井管连接示意图

①通井管长度应小于单根钻杆长度。大直径套管单根长 8m 左右，可直接选用单根套管作通井管。长度过大的需切割。

②套管外壁镶焊硬质合金块。

③将钻杆居中穿过套管，上下两端焊接扶正板，使钻杆与套管保持同轴。

④钻杆下部接扩孔钻头。钻头直径略大于套管外径。

4.3.2　直接提吊法

根据大直径套管总重量与钻机或吊车提升力之间的大小关系，套管下放分为两种情况：

当套管总重量小于钻机提升力时，采用直接提吊法下放工艺；当套管总重量大于钻机提升力时，采用提吊浮力法下放工艺。首先介绍直接提吊法下放工艺。

直接提吊法下套管工艺技术简单，一般适用于以下两种情况。

①表层套管。表层套管虽然外径大，但一般所需壁厚较小，下深浅，钻机提升力能够满足下放要求。该类套管下放宜采用提吊棒。

②孔深较浅的生产套管。大直径生产套管壁厚大，但若下深浅，钻机提升力较大时，也可采用直接提吊法下放。根据套管尺寸，可选择卡或者提吊棒下放。

直接提吊法下放套管不能仅仅考虑钻机或吊车提升能力，还需考虑随后的固井技术要求。由于大直径套管外径大、环空间隙大，固井要求高，传统的压入法固井工艺已不能满足大直径套管固井要求，即使采用直接提吊法下放，也需在底部套管安设专用的注浆口。

4.3.3　提吊浮力法

大直径钻孔由于孔径大，下入的套管外径大、总质量大、套管外壁与孔壁环空间隙大，套管下放及固井面临两个问题：

①入孔套管自重大，一般均超过钻机提升能力。以常用的 Φ630×15mm（外径 630mm，壁厚 15mm）、钢级 J55 的无缝钢管为例，每米套管质量 m_0 的计算公式为

$$m_0 = \pi \cdot \rho_e \cdot \delta \cdot (D_c - \delta) = 227.5 \text{kg/m} \tag{4.6}$$

式中，ρ_e 为钢材密度，$7.85×10^3\text{kg/m}^3$；δ 为套管壁厚，m；D_c 为套管外径，m。

由此可以得知，假如终孔深度为800m的大直径钻孔，下入孔内的套管总质量则为182.0t，远超出钻机的提升能力，而使用大型吊车不经济合算。

②大直径套管内截面积、套管与孔壁的环空面积大，固井水泥浆注入和上返流动不稳定。大直径套管下放至设计深度后，固井质量成为完井的关键。固井时要求水泥浆的注入和上返保持均匀、稳定、顺畅，但在一定排量情况下，大直径钻孔固井时水泥浆的流速降低，传统的压入式（孔口压入和孔底压入）固井方法不能满足固井水泥浆流动要求，需要新的固井工艺方法以提高固井质量。

提吊浮力法下套管就是使用钻机或较小吨位吊车提吊下套管，同时借助套管在孔内泥浆中下放时的浮力，以抵消超出钻机或吊车提升力以外的套管自重，实现套管安全下放。提吊浮力法下套管工艺以其独特的技术原理和配套工具，能够解决以上两个问题。

1. 技术原理

提吊浮力法下套管技术的关键是充分利用浮力，具体讲就是套管排开孔内泥浆产生的浮力。其技术原理如图 4.15 所示。

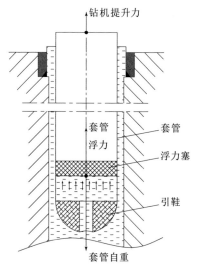

图4.15 提吊浮力法下套管技术原理示意图

由图 4.15 可知，套管底部除了安装引鞋之外，还安装了浮力塞，阻止孔内泥浆进入套管内部，由此在套管底部产生泥浆对套管的上浮力。从理论上分析，孔内套管下放过程中在铅垂方向主要受三个力的作用：上浮力 F，自重 G 及钻机提升力 T。上浮力 F 和自重 G 随着套管下入长度 H（深度）增加而加大，钻机提升力 T 不能高于额定上限 T_{max}。铅垂方向力的关系为

$$T = G - F \leqslant T_{max} \qquad (4.7)$$

其中，$G = \pi \rho_e \delta (D_c - \delta) Hg$，$F = \rho_{液} \cdot \dfrac{\pi D_c^2}{4} Hg$。

式中，$\rho_{液}$ 为孔内泥浆密度，一般为 $1.1 \times 10^3 \sim 1.2 \times 10^3 kg/m^3$。

设套管外径与壁厚的关系为 $D_c = x\delta$，假如套管所受浮力与其自重相等，则有 $F - G = 0$，即

$$\rho_{液} \cdot \frac{\pi D_c^2}{4} Hg - \pi \rho_e \delta (D_c - \delta) Hg = 0 \qquad (4.8)$$

取 $\rho_e = 7\rho_{液}$，代入 $D_c = x\delta$，简化式（4.8）：

$\dfrac{x^2}{4} - 7(x-1) = 0$，解方程可得：$x_1 = 26.96$；$x_2 = 1.04$。

综上所述，大直径钻孔下套管过程中，采用提吊浮力法下入孔内的套管外径只要大于壁厚的 27 倍，套管所受泥浆浮力都会大于套管自重，提吊浮力法安全可靠。以壁厚为 15mm 的套管为例，外径大于 405mm 都可适用。

2. 浮箍、浮鞋

浮箍、浮鞋最初应用于石油钻探领域，已形成了螺纹连接式的相关标准系列（最大外径标准为 Φ540mm）。按入孔时泥浆的进入方式可分为自灌型和非自灌型，按其回压装置的工作方式分为浮球式、弹簧式和舌板式。不同类型的浮箍、浮鞋基本原理是相同的，这里以浮球式浮箍、浮鞋为例予以介绍（图4.16）。

浮箍、浮鞋安装在入孔套管底部，在提吊浮力法下套管过程中的作用如下：

①浮鞋在最下端，起引导作用；浮箍内有浮力塞，主要组成部件包括阀座、浮力球和托架。阀座底部呈椭球体内凹状，上部截面直径逐减，通孔直径小；浮力球材质为高强度橡胶复合材料，相对密度小于 1。

②托架位于阀座下端，由若干单体组成，侧面留有泥浆流通通道。套管下放过程中，泥浆经过浮鞋及浮箍托架通道进入阀座内，浮力球受泥浆浮力上移至阀座，阻塞泥浆进入套管内的通道。套管下深越大，所受浮力越大，浮力全部集中作用在浮力球上，阻塞效果越明显，泥浆无法进入套管内，整个套管柱所受浮力越大。

大直径钻孔下入的套管规格大，套管采用焊接方式连接，石油钻探行业现有标准系列的浮箍、浮鞋不能适用，但可以此结构原理进行改造加工。由于大直径套管自重大，套管下放过程中必须保证浮力塞正常工作，杜绝意外事故。实际中为提高浮箍、浮鞋使用安全系数，设置两道浮力塞，以确保提吊浮力法安全顺利实施。同时，为满足大直径钻孔特殊固井工艺要求，浮箍、浮鞋顶部安装内插接头，用于后续内插法固井。适用于大直径钻孔固井套管下放的浮箍、浮鞋基本结构如图 4.17 所示。

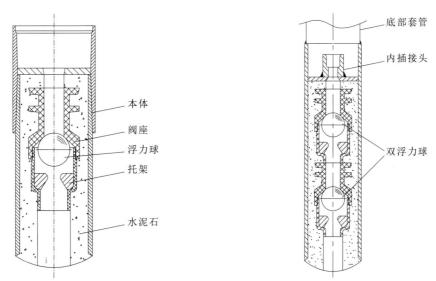

图 4.16　浮球式浮箍、浮鞋结构示意图　　　图 4.17　大直径浮球式浮箍、浮鞋结构示意图

3. 套管抗挤强度校核

由提吊浮力法下套管技术原理可知，一般情况下，套管下放过程中所受浮力均大于套管自重，因此必须适时向套管内部注入泥浆（或清水等），使套管与内环空泥浆自重大于浮力，保证顺利下放。向套管内注入泥浆时，须严格控制注入量，以减小钻机提升力。因此，向套管内注入的泥浆量不能过大，套管内泥浆液面不能过高，这样就引起空置套管的长度增加。在套管与孔壁环空泥浆压力作用下，套管受一定的液柱压力，空置套管段抗泥浆压力破坏强度需要校核。

大直径钻孔套管下放过程中受外压挤毁模式的计算方式分以下两种类型。

①稳定性不够，套管呈现弹性失稳破坏。圆管失稳计算公式由 W.O.Clinedinst 在 1937 年提出，计算公式为

$$P_e = \frac{2E}{(1-m^2)(D/t)[(D/t)-1]^2} \tag{4.9}$$

式中，P_e 为套管失稳外载荷，MPa；E 为管材弹性模量，MPa；m 为泊松比；D 为套管外径，mm；t 为套管壁厚，mm。

②强度不够，套管发生材料屈服破坏。根据 Von Mises 屈服准则有

$$P_y = 2.248d\frac{D/t-1}{(D/t)^2} \tag{4.10}$$

式中，P_y 为套管屈服外载荷，MPa；d 为管材屈服强度，MPa。

在大直径钻孔固井套管入孔前，由上述公式分别计算出套管失稳强度和屈服强度，选取最小值 P_{min} 作为空置管段下深的计算依据，即

$$\rho_{液}gH_{max} \leqslant P_{min} \tag{4.11}$$

得出套管空置段的最大深度 H_{max}，则套管下放过程中注入套管内泥浆的液面与孔口距离不能大于 H_{max}，并以此作为计算取值界限，适时注入泥浆，控制好浮力与套管及泥浆自重的关系，保证钻机或吊车以较小且合理的提升力安全下放套管。

4.4　注水泥浆固井方法

矿山地面大直径钻孔注水泥浆施工是固井作业的重要环节。根据孔身结构设计中套管柱的类型、孔径尺寸、封固段长度和地层条件，可以采取不同的注水泥浆固井方法，常用的有浮箍浮鞋式内插法、孔口密封式内插法及套管外注水泥浆等（袁志坚，2008；樊宏伟和于久远，2012）。

4.4.1　浮箍浮鞋式内插法注水泥浆

浮箍浮鞋式内插法注水泥浆（图4.18）固井工艺是指在大直径套管内，以钻杆作为输送水泥的通道，借助专用套管浮箍浮鞋，使固井水泥直接从孔底沿套管与孔壁环空上返，提高大直径钻孔的固井质量。

浮箍浮鞋式内插法注水泥浆固井原理为：采用提吊浮力法下套管至孔底后，向套管内注满泥浆，使套管内外无压差，浮力球不受力；利用钻杆，下入与浮箍上接头匹配的插头，居中对正与其对接，从钻杆内注入固井水泥浆；浮力球下移至托架，水泥浆从托架侧通道及浮鞋中孔直接进入孔壁环空，首先保证水泥浆注入过程中的均匀、稳定、顺畅；水泥浆达到设计高度后，提出注浆插头，浮力球受水泥浆浮力上移至阀座底部，堵塞通孔，套管内外被封

为保证岩屑以不大的绝对速度上移，维持正常钻进，取 $V_2 = (0.1\sim0.3)\,V_1$。带入得 $V_下 = (1.1\sim1.3)\,V_1$。考虑实际安全系数，钻孔施工中取上限

$$V_下 = 1.3V_1 \tag{5.3}$$

由（5.3）带入（5.1）得

$$V_上 = 1.3\frac{R_下^2 - R^2}{R_上^2 - R^2}V_1 \tag{5.4}$$

同时，在一开套管内，为保证岩屑正常上返，要求

$$V_上 > V_1 \tag{5.5}$$

即 $1.3(R_下^2 - R^2) > (R_上^2 - R^2)$

以 $\Phi127mm$ 钻杆实施二开 $\Phi311mm$ 导向孔为例，计算结果表明一开套管内径要小于 $\Phi347mm$，否则将造成岩屑堆积在一开底部，存在沉渣卡钻风险。

5.1.2　二开下导管钻进工艺

为解决大直径钻孔二开导向孔排渣问题，研究了下导管钻进工艺。如图 5.1 所示，由于导管的阻隔作用，二开导向孔循环液无法进入一开套管内，从导管与钻具形成的环空直接上返，从而保证了循环液上返流速的一致性。下导管钻进工艺可配合螺杆钻具及随钻测量系统进行定向纠斜钻进施工。其主要步骤包括：

①完成一开施工，下入一开套管封固上部覆盖层。

②在一开套管内居中下入导管，该导管中心通道能通过钻具即可，导管下入深度至基岩以下 2m 左右。

③在导管内下入钻具，进行二开导向孔的钻进。

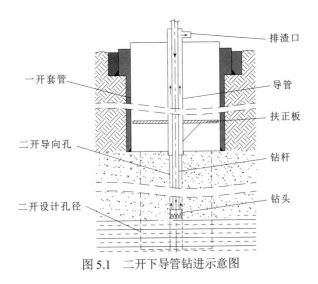

图 5.1　二开下导管钻进示意图

在二开下导管钻进过程中，应注意以下几个问题：

①在导向孔完成后，需将导管拔出，因此，导管进入基岩不宜过深，确保后期能够起拔脱出。

②为阻隔循环液进入一开套管内，导管底部密封要满足一定压力要求。

③采取必要措施确保导管坐落于钻孔中心位置，以保障后期下套管能够顺利实施。

5.2　空气潜孔锤钻进工艺技术

压缩空气既作为循环介质又作为驱动孔底冲击器的动力而进行的冲击回转钻进方法，称为空气潜孔锤钻进。根据压缩空气循环方向的不同，空气潜孔锤钻进包括空气潜孔锤正循环钻进和空气潜孔锤反循环钻进两种类型。空气潜孔锤钻进方法具有钻进效率高、钻头寿命长、钻压小及防斜作用好等优势，随着空压机、钻机等设备能力不断提高，使其在矿山开采、水井钻凿、石油勘探等钻探领域得到了广泛应用。

5.2.1　冲击回转碎岩机理

空气潜孔锤钻进是以冲击载荷为主，回转切削为辅的方式碎岩，具有低频率、大冲击功特点。冲击载荷碎岩接触应力瞬间可达到极高值，应力比较集中，所以尽管岩石的动硬度要比静硬度大，但仍易产生裂纹，而且冲击速度越大，岩石脆性越大，有利于裂隙发育，因此，在数十焦耳的较小冲击能条件下，可以破碎极坚硬的岩石（朱丽红等，2009）。钻头刃具轴向静压力主要用来克服钻具的反弹力，改善冲击能的传递。回转力矩主要是使切削具沿孔底剪切两次冲击间残留的岩石脊峰。所以，空气潜孔锤钻进具有冲击碎岩和回转碎岩两者的特征，互相补充，发挥各自优点，对于脆性岩石来说，利用这种冲击剪崩和回转剪切作用，造成大颗粒岩体的剥离作用，随着岩石的脆性与硬度增大，碎岩效果愈加显著。

5.2.2　空气潜孔锤钻进规程参数

空气潜孔锤钻进规程参数主要包括风压、风量、冲击频率、钻压和转速等。

（1）风压

空气潜孔锤的冲击频率、冲击功均与风压有关。虽然从空气潜孔锤工作实质来讲，影响冲击频率和冲击功的主要因素是风量，通过输入风量的变化来控制风压大小。然而，由于风压参数的获取比较方便、准确，所以常常将风压作为工艺规程的重要指标之一。

从空气潜孔锤工作要求来看，当输入风压要大于上、下配气室的压差时，冲击活塞即开始做上下往复运动。这种正常工作所需压力的大小取决于空气潜孔锤本身结构的设计。

在空气潜孔锤钻进时，注气管道压力表显示的风压，除了空气潜孔锤正常工作所需的风压外，还要加上随着孔深增加而带来的沿程压降与克服孔底水位产生的水柱压力。

（2）风量

空气潜孔锤正常工作需要有一定的额定风量，同时，空气潜孔锤钻进产生的岩屑从孔底排至孔外也需要一定的风量。从以往的研究与实践来看,要达到良好的空气潜孔锤钻进效果,所需风量要满足上返风速大于 15m/s 的携带岩屑的要求,而当上返风速小于 10m/s 时,孔内岩屑较多,加重了孔底的重复破碎现象,会影响钻进效率。

（3）冲击频率

对于一种设计优良的空气潜孔锤产品,当达到其额定风量和额定风压时,都能达到额定的冲击频率。一般空气潜孔锤的额定冲击频率为 600～1000 次/min。

（4）钻压

钻压能使岩石内部形成预加应力,同时改善冲击能量的传递条件。但是,随着钻压的增加,切削刃的单位进尺磨损量也增加,故为了减少切削刃的磨损,钻压不能过大,只需克服冲击器的反弹力即可。

实践表明,空气潜孔锤钻头所需钻压比牙轮钻头要低很多。对某一确定规格的空气潜孔锤来说,钻压有一个合理范围。当钻压过大,不仅不会增加钻进速度,反而会加快钻头球齿的磨损,降低钻头使用寿命。

（5）转速

空气潜孔锤钻进孔底岩屑呈块状,故仅需较小的转速。通常认为:空气潜孔锤旋转存在着最优转角,其值为 11°。最优转角与转速、冲击频率之间的关系为

$$A = \frac{360n}{f} \tag{5.6}$$

式中,A 为最优转角,(°);n 为钻具转速,r/min;f 为冲击频率,次/min。

按照最优转角 11°计,推荐转速为 18～31r/min。

5.2.3　空气潜孔锤钻进风量确定方法

孔内循环压缩空气的主要作用有:一是驱动空气潜孔锤工作,二是将孔底岩屑运移至孔口保持孔底清洁,因此,充足的风量是空气潜孔锤钻进成败的关键。如果注入风量不足,孔底岩屑将不能及时返出孔口,从而会逐渐聚集在孔底使孔底气体压力升高,如果不能及时增加风量,则岩屑在孔底越积越多,孔口返出岩屑越来越少形成“阻塞”现象。另外,聚集在孔底的岩屑容易造成卡钻,故空气潜孔锤钻进首先要确定最小风量。

目前,主要有最小动能法和最小速度法这两种计算方法来确定最小风量,下面主要介绍最小动能法（Guo and Ghalam bor,2006;莱昂斯等,2012）。

该计算方法是把气体和固体混合物看成一个具有同一密度和流速的一种均相流体,不考虑颗粒和气体间的相互作用。它是根据空气采矿钻孔实践得来的,通常认为在大气条件下（接近标准条件的 14.7psia,60°F)有效携带固体颗粒所需最小环空流速为 50ft/s（15.24m/s）。

流速为 50ft/s 的空气携岩能力用单位体积的空气动能 E_{go} 评价:

$$E_{go} = \frac{1}{2} \frac{r_{go}}{g} v_{go}^2 \tag{5.7}$$

式中，r_{go} 为标准空气重度，0.0765lb/ft^3（12.1N/m^3）；g 为重量与质量间的转换常数，32.2ft/s^2（或 9.8m/s^2）；v_{go} 为标准条件下气体的最小流速，此处取 50ft/s（15.24m/s）。

将上述数值代入式（5.7）中，即为标准空气携带固体颗粒所需的最小单位体积气体动能。如果孔内考察点处携岩能力与标准空气的携岩能力相当，则

$$\frac{1}{2}\frac{r_g}{g}v_g^2 = \frac{1}{2}\frac{r_{go}}{g}v_{go}^2 \tag{5.8}$$

式中，r_g 为考察处气体相对密度，lb/ft^3（或 N/m^3）；v_g 为考察点处气体流速，ft/s（或 m/s）。

由理想气体状态方程，气体重度可用下列公式表示：

$$r_g = \frac{S_g P}{53.3T} \tag{5.9}$$

或

$$r_g = \frac{PMg}{RT} = \frac{S_g P}{T\dfrac{R}{M_{空气}g}} \tag{5.10}$$

式中，r_g 为考察处气体相对密度，单位在式（5.9）中为 lb/ft^3，在式（5.10）中为 N/m^3；S_g 为气体相对空气的摩尔质量；P 为孔内考察点处的压力，单位在式（5.9）中为 lb/ft^2，在式（5.10）中为 Pa；T 为孔内考察点处的温度，单位在式（5.9）中为兰金温标 $°\text{R}$，在式（5.10）中为开尔文温标 K，其中，$[°\text{R}]=459.67+[°\text{F}]$，$[°\text{R}]=1.8[\text{K}]$，$[\text{K}]=[°\text{C}]+273.16$；$M$ 为气体摩尔质量，空气摩尔质量为 0.029；R 为理想气体常数，8.31。

孔内考察点处气体体积流量由标准条件下应用理想气体状态方程算得的气体的体积流量可算出：

$$Q_g = \frac{14.7 \times 144 T Q_{go}}{520P} \tag{5.11}$$

或

$$Q_g = \frac{1.01325 \times 10^5 T Q_{go}}{288.9P} \tag{5.12}$$

式中，Q_g 为考察点处的气体体积流量，单位在式（5.11）中为 ft^3/min，式（5.12）中为 m^3/min；Q_{go} 为标准状况下气体体积流量，单位同上；P 为考察点处压力，单位在式（5.11）中为 lb/ft^2，式（5.12）中为 Pa；T 为孔内考察点处的温度，单位在式（5.11）中为兰金温标 $°\text{R}$，在式（5.12）中为开尔文温标 K。

由上述式（5.11）和式（5.12）除以流道横截面积即可分别得到相应的气体流速方程：

$$v_g = 9.77\frac{T Q_{go}}{PA} \tag{5.13}$$

或

$$v_g = \frac{1.01325 \times 10^5 TQ_{go}}{60 \times 288.9 PA} \tag{5.14}$$

式中，A 为考察点处的流道截面积，单位在式（5.13）中为 in^2，式（5.14）中为 m^2。

将式（5.9）（5.11）（5.13）或式（5.10）（5.12）（5.14）分别代入式（5.8），整理可得：

$$P = \frac{23.41 S_g T Q_{go}^2}{v_{go}^2 A^2} \tag{5.15}$$

或

$$P = \frac{M_{空气} g P_{go}^2}{60^2 \times R \gamma_{go} T_{go}} \frac{S_g T Q_{go}^2}{v_{go}^2 A^2} \tag{5.16}$$

要使得孔内气体的携岩能力与标准条件下流速为 v_{go} 的空气携岩能力相当，孔内压力与气体注入量就需满足公式（5.15）或式（5.16）。

Joe W. Rovig 对"Angel"公式进行了修正，计算出所需空气量见表 5.1，它是以 50ft/s（15.24m/s）的机械钻速和标准条件为前提计算出的最小空气量。

表 5.1　不同孔径和孔深所需最小空气量

孔径		钻杆尺寸		需要最小空气量					
				1000ft（304.8m）孔深		2000ft（609.6m）孔深		3000ft（914.4m）孔深	
in	mm	in	mm	scf/min	m³/min	scf/min	m³/min	scf/min	m³/min
8 3/4	222.25	4 1/2	114	1450	41.06	1650	46.72	1700	48.14
		5	127	1350	38.23	1500	42.48	1600	45.29
9 7/8	250.83	4 1/2	114	1950	55.22	2100	59.47	2250	63.69
		5	127	1900	53.8	2000	56.63	2150	60.86
12 1/4	311.2	4 1/2	114	3100	87.78	3350	94.86	3500	99.08
		5	127	3000	84.95	3100	87.78	3200	90.59
17 1/2	444.5	4 1/2	114	6600	186.89	6850	193.97	7150	202.42
		5	127	6450	182.64	6700	189.72	7000	198.17

从表 5.1 可以看出，孔径越大所需的空气量越大，钻具的直径越小，所需的空气量越大，钻孔越深所需的空气量越大。

5.2.4　空气潜孔锤随钻测量技术

在导向孔快速钻进时，采用空气潜孔锤随钻测量技术既可提高钻速，又可监测钻孔实钻轨迹，利于提高钻孔成孔质量与中靶精度，减少常规单点、多点测斜仪测斜方法所需的辅助时间，提高整体施工效率（石智军等，2016）。一般采用的钻具组合为：空气潜孔锤+双向减震器+抗震型 EM-MWD 电磁波随钻测斜仪（安装在无磁钻铤内）+普通钻铤+常规钻杆，钻进参数为：注气量≥35m³/min，转速 25~36r/min，钻压 2~3t。

1. 空气潜孔锤钻进特点

空气潜孔锤属于一种冲击回转钻进方法。由冲击系统应力波理论描述该冲击系统的力学过程可知，冲击器所产生的冲击载荷，其作用力大小在极短时间内有着很大的变化幅度，在几十微秒内可由零骤增至几吨，再经几百微秒重新下降到零。

空气潜孔锤冲击频率一般为十几赫兹，冲击器产生的冲击能量以应力波的形式传递，在合适的钻压条件下，绝大部分能量被岩石吸收，亦有部分能量以应力波的形式沿钻具向上传递，产生随机震动。目前还无法对随机震动加速度用数学公式进行描述，以预估震动频率和震动强度，从而判断对孔内测斜仪器的影响。但是有学者采用电算方法对冲击器活塞运动加速度进行过研究，结果显示：活塞冲击加速度向下运动时最大可达 53g 以上，向上运动时最大可达 21g 以上（熊青山和殷琨，2011）。当然，影响活塞冲击加速度因素较多，不同型号的空气潜孔锤其值大小有区别，但是能够说明，空气潜孔锤活塞运动具有很大的冲击加速度。

2. 空气潜孔锤与 EM-MWD 组合技术的防震方案设计

EM-MWD 测斜仪应用于矿山应急救援孔，主要就是需解决仪器与空气潜孔锤钻进适应的问题，即仪器的防震问题。以 Blackstar EM-MWD 测斜仪为例，Blackstar EM-MWD 测斜仪是美国国民油井公司在孔内无线随钻测量工具中的代表产品，其服务和技术处于世界领先地位。

Blackstar EM-MWD 测斜仪正常工作下的震动不能大于 10g。为了实现 BlackStar EM-MWD 斜仪器和空气潜孔锤的配套使用，从仪器结构设计与孔底钻具组合两方面考虑，采取 3 项减震措施：仪器外管增设扶正翼、设计锁紧装置和加接双向减震器（史海岐，2014）。

1）增设扶正翼

在仪器串外面增设扶正翼，与常规 EM-MWD 扶正装置不同，该扶正翼专为空气潜孔锤钻进所设计，安装间隔为 0.5m，翼片外径可紧贴无磁钻铤内壁，以降低仪器串的横向震动，如图 5.2 所示。

图 5.2 专用扶正翼及其布置

2）设计锁紧装置

定向键套（图 5.3）座于定向短节中，定位键方向与螺杆马达的高边方向保持一致，定向键套与定向短节的固定采用螺丝固定。

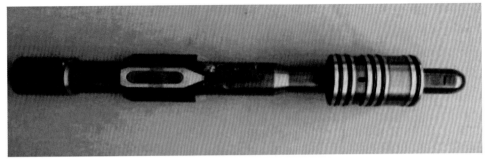

图 5.3　定向键套

空气潜孔锤钻进对上部钻具震动大，原螺丝固定方式不可靠，为防止定向键套在定向短节中上下串动，将定向键套右侧的圆形接头（图 5.4 左）换成带锁紧功能的辫形接头（图 5.4 右）。

图 5.4　圆形接头与带锁紧功能的辫形接头

3）加接双向减震器

双向减震器主要由心轴、活塞总成、阻尼腔的环隙阻尼机构和工作腔的液体弹簧等部分组成。它的工作原理主要是利用工作腔可压缩液体在压力作用下产生弹性变形来吸收或释放钻头和钻柱震动能量。当液体弹簧在压缩或伸张过程中，心轴相对外筒做轴向移动，同时阻尼腔中的非压缩液体的液流高速流过阻尼环隙，并产生大量摩擦热，耗散掉部分震动和冲击能量。

将双向减震器安装于 EM-MWD 仪器无磁钻铤的与空气潜孔锤之间，以期降低空气潜孔锤冲击震动对仪器串的影响。表 5.2 为双向减震器性能参数。

表 5.2　双向减震器性能参数

型号	外径/mm	水眼/mm	最大工作行程/mm	环境温度/℃
SJ160C	160	47	120	−40～150
最大扭矩/(kN·m)	最大钻压/kN	抗拉载荷/kN	总长/mm	联接扣型
15	340	1500	5150	NC46

5.2.5　大直径潜孔锤正循环钻进工程实例

当矿山地面大直径钻孔深度较浅或对中靶精度要求较低时，尤其对钻速要求较高的情况下，为解决硬岩钻进问题可优先考虑大直径潜孔锤正循环钻进技术。如何保证上返风速达到安全排渣的需求是实施大直径潜孔锤正循环钻的关键，通常从两方面考虑：一是增加空压机数量，加大注气量；二是设法减少上返排渣通道的尺寸。同时，由于正循环排渣所需风量远远高于大直径潜孔锤额定工作风量，为避免注气量过大造成大直径潜孔锤的损害，在大直径潜孔锤上部加接气体分流短节是在配套钻具时要考虑的问题之一。

1. 大直径潜孔锤正循环钻进在矿山事故钻孔救援中的应用

2002 年 7 月 24 日晚 8 时 50 分，美国宾夕法尼亚州魁溪煤矿在巷道掘进过程中，临近关闭废弃矿井沙克斯曼煤矿的老空水突入掘进巷道，造成 9 名矿工被困于深度 73m 的井下巷道。在地面救援过程中，利用阿特拉科普柯 RD20 车载钻机施工完成 1 口大直径救援钻孔，为了快速钻穿岩石层，配套 Φ146mm 钻具，QL200S 潜孔锤及 Φ760mm、Φ660mm 钻头，以及 6 台空压机进行大直径潜孔锤正循环工艺的施工。于 2002 年 7 月 28 日凌晨 2 时 45 分，9 名被困矿工全部被营救至地面。

2. 大直径潜孔锤正循环钻进在矿山地面大直径工程孔的应用

山西晋煤集团为了解除关闭矿井王台铺煤矿积水对临近煤矿的安全隐患，设计了 3 口深度 205m 的地面排水大直径钻孔，施工任务由河南豫中地质勘察工程公司承担完成。在二开钻进过程中，采用了大直径潜孔锤正循环钻进工艺。为了满足排渣需求，采取了以下技术措施：在加接钻杆时，同时套装下入较大外径的套管；压缩空气由钻杆中心通道注入，进入空气潜孔锤内部，工作后的废气由底部钻头排气孔喷出，携带钻头破碎下的岩屑由环空上行，通过底部特殊装置进入钻杆-套管的环状间隙返回孔外；为了防止空气经套管-孔壁的大环状间隙上返，在孔口设有密封装置。通过以上技术措施，在大直径潜孔锤正循环钻进过程中，仅启用 2 台空压机，注气量即可达到良好的排渣效果，同时满足大直径潜孔锤额定工作风量。

5.3　大直径潜孔锤反循环钻进工艺技术

在矿山地面大直径钻孔中，为了能较好带出岩屑，可考虑采用反循环钻进方法。一般认为，凡是冲洗介质循环方式与传统的正循环方式相反的钻进方法，称为反循环钻进方法。反循环钻进方法类型较多，在矿山地面大直径钻孔施工中主要有大直径潜孔锤反循环钻进、气举反循环钻进等方法（杨宏伟，2012；赵江鹏，2015b；张小连等，2015）。

大直径潜孔锤反循环钻进方法与大直径潜孔锤正循环钻进方法相比，极大减少了注气量，上返流速较大，有利于将大颗粒岩屑带出孔外，减少了孔底的重复破碎现象，从而提高了钻进效率。

5.3.1　建立反循环的基本条件

如何建立与维持反循环是实现大直径潜孔锤反循环钻进工艺的基本问题之一。在大直径潜孔锤反循环钻进过程中，压缩空气沿双壁钻杆内外管环状间隙下行进入大直径潜孔锤，驱动其工作后，从钻头出气口喷出携带岩屑，形成混合流体；该混合流体可通过两条通道返出孔外，一条是钻杆与孔壁之间的环状间隙构成的正循环通道；另一条是双壁钻杆内管中心通道构成的反循环通道，如图 5.5 所示。

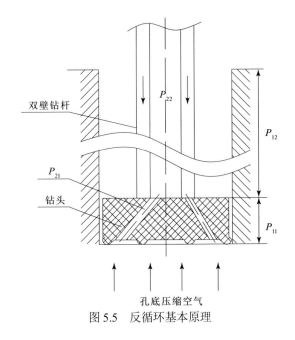

图 5.5　反循环基本原理

为保证钻进过程中能够形成反循环效果，必须采取一定技术措施使正循环通道流阻大于反循环通道流阻，促使孔底混合流体进入反循环通道，因此，需满足下式的基本压力（阻力）条件：

$$P_{21}+P_{22} \leqslant P_{11}+P_{12} \tag{5.17}$$

式中，P_{11} 为孔底压缩空气在钻头与钻孔壁形成的环状间隙产生的压力损失；P_{12} 为孔底压缩空气在钻杆与钻孔壁形成的环状间隙产生的压力损失；P_{21} 为孔底压缩空气在钻头底部、内部通道产生的压力损失；P_{22} 为孔底压缩空气在内管产生的压力损失。

5.3.2　空气反循环效果的实现方法

按照促进形成空气反循环的基本原理特点区分，主要有射流负压式、机械结构直接封隔式等几种型式。

1. 射流负压式密封方法

射流负压式主要有导流罩式和引射器式两种型式。

国外瑞典 Sandvik 公司、韩国 JoyTech 公司、英国 Bulroc 公司、美国 Numa 公司、美国 Terex Halco 公司及国内勘探技术研究所多是利用喷射负压和导流原理进行导流罩式反循环钻头的设计。气体驱动潜孔锤活塞工作后从花键喷出，通过导流罩与钻头之间的凹槽进入钻头底面的进渣口，达到反循环目的。同时，导流罩外径与孔径相匹配，亦可辅助密封外环间隙通道，以增大正循环通道的阻力。

引射器原理是指高压流体由喷嘴高速喷出时会产生强烈卷吸作用，从而能够将喷嘴出口周围的低压流体卷吸进混合室内，然后逐渐形成均匀的混合流体。殷琨教授等根据多喷嘴引射器原理研制的大直径引射器式反循环钻头有效降低了钻头底部的压降 P_{21}，其结构原理如图 5.6 所示。

上述无论导流罩式还是引射器式密封方法均主要是在孔底利用高速气流形成"负压"促进反循环的建立，由于"负压"抽吸能力有限，单独依靠此密封方法无法实现深孔反循环钻进。向钻孔环空注入一定量清水或利用孔内地层水辅助密封，以提高钻孔深度。

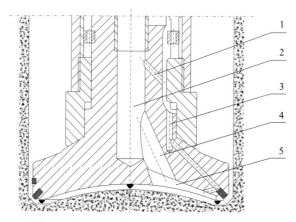

图 5.6　大直径引射器式反循环钻头结构原理
1.内喷孔；2.贯通孔；3.底喷孔；4.排渣孔；5.扩压槽

2. 机械结构封隔式密封方法

机械结构封隔是将外环空间隙的正循环上返通道完全阻断，迫使循环介质进入钻具的反循环通道，从而建立、维持反循环效果。按安装位置区分，主要有孔底密封、孔口密封等两种型式。

利用多层橡胶片实施密封（图 5.7）是孔底机械结构封隔一种常见结构型式，是通过孔底完全封隔方式达到压缩空气反循环流动的目的。压缩空气沿双壁钻杆内外管环状间隙下行，经正反循环转换接头内部流道进入空气潜孔锤，驱动活塞做功，废气从钻头排气孔喷出，携带孔底岩屑沿孔壁与空气潜孔锤之间的环空上返至正反循环转换接头，在密封器的阻隔作用下，由正反循环转换接头的侧部斜孔进入双壁钻杆内管中心通道上返至地表。该方法特点是橡胶片外径略大于钻孔（或钻头）直径，通过橡胶片的封隔作用增大了环状间隙压力损失，促使孔底压缩空气进入双壁钻杆内管中心通道。因此，该方法适合在地层比较稳定、钻孔壁无坍塌掉块的硬岩中钻进。在"十二五"期间，我国重点建设的 7 支国家矿山应急救援队全部配套了此类型大直径反循环钻具系统。

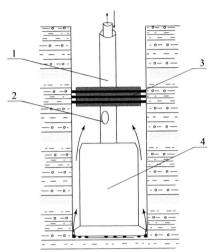

图 5.7　多层橡胶密封式反循环方法原理

1.双壁钻杆；2.正反循环转换接头；3.多层橡胶密封器；4.空气潜孔锤

孔底孔口联合密封方法（图 5.8）是在孔口安装密封装置，迫使孔底压缩空气由排渣通道、双壁钻杆内管中心通道返出至地面。该方法降低了对孔底密封机构的要求，可增大孔底密封结构与孔壁的间隙，从而上部孔段掉块可通过孔底密封结构落入孔底，经钻头破碎后返出孔外，提高了空气反循环钻进工艺的安全性和地层适应性。此方法在近年的工程实践中取得良好效果，但是随着孔深的增加，要在钻具与钻孔间的环空建立具有一定压力的气柱，在加接钻杆期间因需充满或放空环空气体而花费的辅助时间越来越长，会明显影响整体钻孔的施工效率。

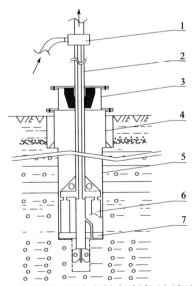

图 5.8　孔底孔口联合密封式反循环方法示意图

1.气盒子；2.双壁钻杆；3.孔口密封装置；4.土层段套管；5.钻孔；6.钻头；7.钻头密封机构

5.4　气举反循环钻进工艺技术

气举反循环钻进（又称空气升液器钻进）工艺是利用压缩空气与钻杆内的泥浆混合形成密度低的气水混合物，从而钻杆内外液柱具有一定压力差，在该压力差的作用下促使形成反循环。

按照注气方式和钻具组合区分，主要有四种方式：第一种钻具组合上部为双壁钻杆，下部为单壁钻杆，注气沿双壁钻杆环状间隙下行到达混合器，与液体混合后，经双壁钻杆内管返出孔外；第二种钻具组合特点为悬挂式风管，风管悬挂在水气龙头上，自水气龙头处插入单壁钻杆内；第三种钻具组合为在单壁钻杆旁以并列的方式防止两根送气管钻杆之间用法兰连接；第四种钻具组合为全孔采用双壁钻杆。

气举反循环钻进应用最广泛的是上述第一种钻具组合，循环介质具体形成过程（图5.9）为：压缩空气由空压机传输到气盒子，经双壁钻杆输送至气水混合器，压缩空气在混合器中与泥浆混合形成气泡，气泡在上升过程中由于围压减小而不断膨胀，使得钻具内外产生压差，泥浆在压差的作用下从孔径环状间隙流向钻具内通道，当转盘（或动力头）驱动整个钻具钻进时，泥浆便可携带孔底产生的岩屑沿钻具内通道向上运动，最终以固、气、液三相流的形式排出至孔外。岩屑在沉淀池中沉淀，泥浆以自流（或采用泥浆泵灌注）的方式沿钻孔与钻具的环状间隙流向孔底，继续冲洗钻头并携带岩屑，从而形成反循环（李世忠，1980b）。

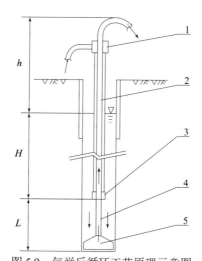

图5.9　气举反循环工艺原理示意图

1.气盒子；2.双壁钻杆；3.气液混合器；4.单壁钻杆；5.反循环钻头

5.4.1　气举反循环钻进规程参数

气举反循环钻进规程参数包括沉没比、风压、风量、钻压、转速等，显著区别其他钻进工艺的为沉没比、风量和风压等3个规程参数。

（1）沉没比

气举反循环钻具上部为双壁钻杆及混合器，下部为普通单壁钻杆（又称"尾管"），当

沉没比 h/H 低于 0.3 时，"尾管"内液体无法形成连续上升流，反循环中断；当沉没比 h/H 达到 0.6 以上时可获得良好的反循环效果，且沉没比越高反循环效果越好，在实际施工中，沉没比在 0.8 以上。

（2）风量和风压

气举反循环钻进过程中，注入的风量相比空气潜孔锤钻进要小得多，风压取决于混合器没入孔内水位以下的深度。

5.4.2　气举反循环工艺控制参数

根据气举反循环工作原理，气举反循环形成的前提条件是：空气混合器沉入水（泥浆）下一定深度 H，在钻杆内外形成足够大的反向压力差 ΔP，用下式表示为

$$\Delta P = \gamma_1 H - \gamma_2 (H + h) \tag{5.18}$$

式中，ΔP 为钻杆内外压力差，MPa；H 为空气混合器深入孔内泥浆深度，m；h 为排浆管最高点距离钻孔内泥浆面高度，m；γ_1 为孔内泥浆密度；γ_2 为钻杆内气液混合物密度。

从压差公式 5.18 可以看出，在泥浆密度 γ_2 和扬程 h 一定的情况下，增大空气混合器的沉没深度，降低气液混合物比重（通过增大供风量方法），将会提高驱动气举反循环的压力差。因此，空气混合器沉没深度、送往孔内的空气压力和供风量，是影响气举反循环钻进能力和钻进效率的重要控制参数。

根据气举反循环工作原理，必须待下端钻头钻杆埋入泥浆中一定深度，即在孔底泥浆的压强和钻杆底气液混合物的压强基本相等的条件下，才能抽吸孔底泥浆与岩屑混合流体上升，即

$$H + L > \frac{h\gamma_2 + L(\gamma_1 - \gamma)}{\gamma_1 - \gamma_2} \tag{5.19}$$

式中，L 为空气混合器至吸浆管口的高度（即尾管长度），m；γ 为清水的密度。

考虑供气管道的压力损失，空气压力：

$$P = \frac{\gamma_1 H}{100} + P' \tag{5.20}$$

式中，P' 为供气管道压力损失，一般取 0.05～0.1MPa。

单位时间供风量即空压机供风量计算：

供风量的大小影响钻杆内气液混合物的密度，从而影响驱动气举反循环的压力差。根据工程条件和要求，先计算出提升 1m³ 泥浆需要的供风量（按终孔深度计）和泥浆循环量，从而计算出需要的空压机供风量。提升 1m³ 泥浆需要的供风量：

$$q_1 = \frac{\gamma_1 h}{2.3\eta \lg \dfrac{\gamma_1 H + h}{h}} \tag{5.21}$$

式中，q_1 为提升 1m^3 泥浆需要的供风量，m^3/m^3；η 为压气提升有效系数。

η 视沉没比 $\alpha = \dfrac{H}{H+h}$ 而定，经验参考值见表 5.3。

表 5.3 压气提升有效系数与沉没比之间的关系

α	0.30	0.40	0.50	0.55	0.60	0.65	0.70	0.75	0.80	0.90
η	0.37	0.44	0.50	0.54	0.57	0.59	0.60	0.62	0.63	0.64

泥浆循环量：

$$q_2 = \frac{900\pi D^2 V_{\text{S}}}{1+q_1} \tag{5.22}$$

式中，q_2 为泥浆循环量，m^3/h；D 为钻杆内径，m；V_{S} 为泥浆、岩屑、空气混合液在水龙头处喷出速度（一般为 6～8）。

所需空压机风量：

$$Q = \frac{q_1 q_2}{60} \tag{5.23}$$

式中，Q 为所需空压机供风量，m^3/min。

5.5 下排渣法扩孔工艺技术

下排渣法是指在扩孔钻进过程中，被孔底碎岩工具破碎的岩粉（屑）在重力作用下沿钻孔掉落至井下巷道的一种钻进方法。

下排渣法主要有正向下排渣扩孔钻进、反向下排渣扩孔钻进两种类型。两者的主要区别是加接钻头方式不同，正向下排渣扩孔钻进方法（图 5.10）加接钻头在地面完成，然后，将钻具下至孔底进行扩孔钻进；反向下排渣扩孔钻进（图 5.11）需先将钻具下至孔底，在井下巷道将事先运输至孔底的钻头与钻具连接在一起，然后，边提拉钻具边扩孔钻进（冯起赠等，2014；王艳丽等，2015）。

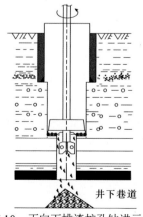

图 5.10 正向下排渣扩孔钻进示意图

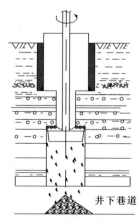

图 5.11 反向下排渣扩孔钻进示意图

5.5.1　技术特点

1. 技术优势

在扩孔钻进时由于孔底岩石面处于自由状态，无泥浆的孔底压持作用，被破碎的岩粉、岩屑容易揭离孔底并掉落井下巷道，因此，采用该方法钻进时岩屑颗粒大，孔底无重复破碎现象，钻进效率高。

2. 适用条件

采用下排渣扩孔需具备的前提条件包括井下巷道已形成，有完善的装运渣石和排水系统，地层结构较完整稳定，同时，地层富水性弱，保证导向孔与井下巷道贯通后，进入巷道的地层水量不能大于排水系统排水能力。

5.5.2　下排渣扩孔钻进规程参数

下排渣扩孔施工若采用转盘式钻机，则只能选用正向下排渣扩孔方法，若采用动力头式钻机，则无论是正向下排渣扩孔，还是反向下排渣扩孔均可选用，但在钻头选择方面，既可以使用牙轮扩孔钻头，也可以使用空气潜孔锤扩孔钻头。因此，下排渣扩孔钻进规程参数与其他工艺方法相比，主要区别在于泥浆量或风量的不同：若采用牙轮扩孔钻头，则泥浆量的大小仅仅满足钻头的冷却效果即可；若采用大直径潜孔锤扩孔钻头，则风量满足空气潜孔锤能够正常工作即可。

5.5.3　工程实例

1. 正向下排渣扩孔法在矿难救援中的应用

在 2010 年 8 月 5 日，智利圣何塞铜矿地下距井口 510m 处发生塌方，33 名矿工被困井下。在救援方案 B 中，利用雪姆 T130XD 车载钻机，在事先打通的一个直径为 Φ140mm 的搜救孔基础上，采用 Φ660mm 集束式空气潜孔锤以正向下排渣扩孔钻进完成大直径救援孔，钻具组合为：Φ660mm 集束式空气潜孔锤+Φ175mm 双壁钻杆，主要钻进规程参数为：风量 64 m³/min，应用效果：快速打通大直径救援孔，成功将井下被困人员营救至地面。

2. 反向下排渣扩孔法排水孔施工中的应用

陕西省煤田地质局在内蒙古黄玉矿完成一大直径煤矿排水孔，在岩石段扩孔钻进过程中采用反向下排渣扩孔钻进工艺（刘文革等，2015）。

钻孔深度约 335m，开孔直径 Φ700mm，松散层至基岩以下 5m 区段扩孔至 Φ850mm，下 Φ720×12mm 护壁管，继续以 Φ700mm 孔径施工至井下巷道并贯通，全孔下 Φ530×15mm 无缝钢管(内外涂塑)作为排水管路。

钻孔全孔止水，护壁管下入后在管外用水泥浆填实，待水泥浆凝固后再施工。Φ530mm 无缝钢管与护壁管、基岩壁间用水泥浆填实，如图 5.12 所示。

在二开岩石段导向孔施工完成后，利用反向下排渣扩孔钻进工艺进行扩孔：事先将扩孔钻头 Φ690/254mm 集束式反井气动空气潜孔锤运输至孔底，利用钻机将 Φ127mm 钻杆下至孔底与集束式反井气动空气潜孔锤连接，然后上提钻具进行反向扩孔钻进。钻具组合为：Φ690/254mm 集束式反井气动空气潜孔锤+Φ250mm 扶正器+Φ127mm 钻杆，主要钻进规程参数为：钻压 2~4t，平均转速 8r/min，扭矩 1.0 kN·m，风压 1.2 MPa，风量 64 m³/min。应用效果：钻进效率 10m/h。

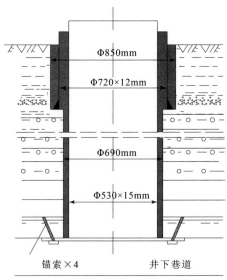

图 5.12　黄玉矿大直径排水孔孔身结构

第6章 矿山地面大直径钻孔孔内事故预防与处理

矿山地面大直径钻孔的成孔工艺方法具有特殊性，从钻孔开始到固井终孔，施工过程复杂，面临的挑战较多，任何不利因素都有可能导致孔内事故发生。因此，钻探工作者不断提高对孔内复杂情况和孔内事故发生发展的认识水平，思想上才会有正确的判断，行动上就会采取正确的技术措施，这样才可以有效避免孔内事故的发生，降低复杂情况带来的损失。

6.1 孔内事故类型

根据矿山地面大直径钻孔成孔工艺特点，结合孔内事故预防措施和孔内事故引发因素，常见孔内事故类型分为以下五大类。

6.1.1 卡钻事故

矿山地面大直径钻孔裸露孔壁面积大，发生卡钻事故风险较大。卡钻是钻进过程中常见的孔内事故。卡钻可以由多种原因造成，如粘吸卡钻、坍塌卡钻、砂桥卡钻、缩径卡钻、键槽卡钻、泥包卡钻、干钻卡钻、落物卡钻、水泥固结卡钻等。卡钻产生的机理不同，处理的方法也各异，所以当卡钻事故发生后，首先要弄清卡钻的性质，通过各种现象及可能获得的各种信息查出原因，才能制定科学的应对措施。

卡钻总是发生在钻进、起钻、下钻三个不同的过程中。为了叙述方便起见，把各个工序中发生的不同类型卡钻事故的诊断方法以简明的表格形式列举出来，见表6.1~表6.3（蒋希文，2006）。

矿山地面大直径钻孔施工过程中，最容易因孔壁失稳形成坍塌卡钻。当卡钻事故发生后，要为顺利解除事故创造条件，基本的要求如下：

①必须尽力维持孔内泥浆循环畅通。只要孔内循环畅通，就会降低诱发其他卡钻事故的可能性，并有可能通过循环将缓解卡钻阻塞点。

②要保持钻柱完整。因为如把钻柱提断或扭断，断点以下的钻柱便失去泥浆循环，由于岩屑和孔壁坍塌落物的下沉，有可能堵塞循环通道，或者在环空形成砂桥。同时由于钻孔直径较大，打捞钻具时，寻找鱼头也非常困难。

表 6.1 钻进过程中发生卡钻事故的诊断

判断依据		运行状态	卡钻类型						
			粘吸	坍塌	砂桥	缩径	泥包	干钻	落物
卡钻前显示	钻进中的显示	跳钻							A_1
		憋钻				A_1	A_1	A_1	A_2
		扭矩增大		B	B	A_2	A_2	A_2	A_3
	钻具上下活动时的显示	上提有阻力，短距离内阻力消失				A			
		上提一直有阻力，阻力忽大忽小		A	A		A		
		上提一直有阻力，阻力越来越大						A	A
		下放有较大阻力		B	B				
		下放有较小阻力					B		
	泵压显示	泵压正常	B						B
		泵压逐渐上升		A_1	A_1	A	A_1	A_1	
		泵压逐渐下降					A_2	A_2	
		泵压波动，忽大忽小		A_2	A_2				
	返出液量显示	进出口流量平衡	B			B	B	B	B
		孔口返出量减少		A_1	A_1				
		孔口失返		A_2	A_2				
	钻速变化	机械钻速急剧下降						A	A
		机械钻速缓慢下降					A		
	岩屑显示	返出量增多，有大量坍塌物		B	B				
		返出量减少					B	B	B
	钻具运行状态	钻具静止时间较长	A						
		钻具在上下活动时遇卡		A	A				A_1
		钻具在转动中遇卡				A	B	A	A_2
	卡点位置	在钻头附近				A	A	A	A
		在钻铤或钻杆处	A	A	A				
卡钻后显示	泵压显示	泵压正常	A			A			A
		泵压上升		A	A				
		泵压下降					A	A	
	泥浆循环情况	可以正常循环	A						A
		可以小排量循环		A_1	A_1			A_1	
		憋泵		A_2	A_2			A_2	

注：A 项为充分条件，据此可为卡钻事故定性；B 项为必要条件，可以帮助判断；角标 1、2、3 表示判断依据中 3 项可同时存在，也可能只有 1 项或 2 项存在。

表 6.2　起钻过程中发生卡钻事故的诊断

判断依据		运行状态	卡钻类型						
			粘吸	坦塌	砂桥	缩径	键槽	泥包	落物
卡钻前显示	钻具运行显示	钻柱静止时间较长	A						
		钻柱上行突然遇阻				A_1	A_1		A
		钻柱在一定阻力下可以上行	A_1	A_1				A	
		上行遇阻而下行不遇阻				A_2	A_2		A
		上行遇阻下行也遇阻	A_2	A_2				B	
		循环活动正常,停泵就有阻力	A_3	A_3					
		无阻力时转动正常				B	B	B	
		无阻力时转动不正常	B	B					A
	孔口显示	钻柱上起环空液面不下降	B	B				B_1	
		泥浆随钻柱上起返出孔口						B_2	
		钻柱中心孔反喷泥浆	A						
卡钻后显示	卡点位置	在钻头附近				A	A_1	A	A
		在钻铤顶部				A_2			
		在钻铤或钻杆上	A	A	A				
	泵压显示	泵压正常	A			A	A		A
		泵压下降						B	
		泵压上升		A_1	A_1			B	
		憋泵		A_2	A_2				
	孔口显示	泥浆进出口流量平衡	A			A	A	B	A
		孔口返出液量减少		A_1	A_1				
		孔口泥浆失返		A_2	A_2				

注: A 项为充分条件,据此可以判定卡钻类型; B 项为必要条件,可以帮助判断; 角标 1、2、3 表示判断依据中 3 项可能同时存在,也可能只有 1 项或 2 项存在。

表 6.3　下钻过程中发生卡钻事故的诊断

判断依据		运行状态	卡钻类型				
			粘吸	坦塌	砂桥	缩径	落物
卡钻前显示	钻柱运行显示	钻柱静止时间较长	A				
		下行突然遇阻				A	
		下行不遇阻,上行遇阻					A
		下行遇阻,上行也遇阻		A_1	A_1		
		下行遇阻,阻力越来越大		A_2	A_2		

续表

判断依据		运行状态	卡钻类型				
			粘吸	坍塌	砂桥	缩径	落物
卡钻前显示	钻柱运行显示	下行遇阻，阻力点相对固定				A	
		下行遇阻，阻力点不固定		B	B		
		循环时可下行，停泵则有阻力		A_3	A_3		
		无阻力时，转动正常				B	
		无阻力时，转动不正常		B	B		A
	孔口显示	下钻柱时，孔口不返泥浆		A_1	A		
		钻柱中心孔反喷泥浆		A_2	B		
卡钻后显示	卡点位置	在钻头附近				A	A
		在钻铤或钻杆处	A	A	A		
	泵压变化	泵压正常	A			A	A
		泵压上升		A	A		
	泥浆孔口返出情况	进出口流量平衡	A				A
		出口流量减少		A_1	A_1		
		孔口泥浆失返		A_2	A_2		

注：A 项为充分条件，据此可为卡钻事故定性； B 项为必要条件，可以辅助判断；角标 1、2、3 表示判断依据中 3 项可能同时存在，也可能只有 1 项或 2 项存在。

1. 坍塌卡钻

坍塌卡钻是孔壁失稳造的，如图 6.1 所示，是卡钻事故中性质较严重的一种事故。处理这种事故的工序复杂，耗费时间多，风险性大，甚至有全孔或部分孔段报废的可能，应尽力避免这种事故的发生。

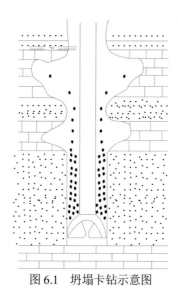

图 6.1　坍塌卡钻示意图

刷造成的磨损而导致单向阀功能失效的意外情况发生，在注水泥浆结束、打入后置液后，钻杆暂不提出，关闭地面阀门，候凝。此时水泥浆的内泄漏极易造成"插旗杆"事故。

2. 水泥浆循环憋泵

在内插法固井时，开泵循环出现憋泵现象，导致前置液无法循环，究其主要原因包括：① 浮力球卡死，单向阀通道阻塞；② 孔壁发生坍塌或缩径等，环空通道阻塞。套管下完之后即出现循环不通是很棘手的问题，首先无法准确判断何处阻塞，又不能轻易加压，容易压失地层，并且很难处理，因此最好是避免此类事故的发生。

3. 水泥浆漏失

由于地层发育有各类裂隙，水泥浆上返过程中可能发生漏失。对于矿山地面大直径钻孔而言，固井质量要求高，需全套管段封固，水泥浆密度较高，压漏地层的风险更大。为了预防水泥浆漏失，钻进过程应准确掌握易漏失地层情况，有针对性提高泥浆护壁性能；尽可能加大环空间隙，使水泥浆上返顺畅而不至于憋泵压漏地层；钻进过程中出现漏失严重孔段，可考虑增加技术套管。若在固井时发生漏失，可借用较大的环空间隙优势，采用正反注水泥浆或管外注水泥浆固井方法补救。

6.2　孔内事故预防措施

孔内事故预防应着眼于钻孔施工作业全过程，根据矿山地面大直径钻孔成孔工艺特点，主要从钻进、下套管、固井等三个方面进行孔内事故预防。

6.2.1　钻进时事故预防

矿山地面大直径钻孔钻进时孔内事故预防主要从两方面实现钻孔设计要求：在钻孔轴向，从地面开孔钻进至设计孔深；在钻孔径向，从导向孔较小直径扩孔至设计直径。钻进过程是大直径钻孔成孔的重要阶段，必须采取有效的预防措施防止孔内事故发生。

1. 合理孔身结构

合理的孔身结构是安全成孔的前提。大直径钻孔孔身结构主要涉及各开次孔径、孔深和套管规格、下深等参数，其选择和确定的方法包括：确定孔身结构尺寸由内向外、由下向上依次进行，首先根据钻孔用途需要选定生产套管尺寸，再确定对应钻孔孔径，然后选定中间套管尺寸等，以此类推，直至确定表层套管及其钻孔直径；套管与钻孔之间的环空间隙大小根据下入套管尺寸和深度确定，孔深越深、套管尺寸越大，环空间隙设计应增大。

1）孔径与套管的匹配

大直径钻孔直径必须满足套管下放要求。理论上，孔径大于套管外径即可满足下放要求。但实际作业中由于钻孔弯曲、孔壁吸附摩擦等诸多因素影响，要求钻孔与套管之间的环状间隙大小须达到一定值。油气勘探开发领域明确了标准系列套管下放环空间隙要求，但实际中常用的套管最大外径一般不超过 508mm，而多数情况下矿山地面大直径钻孔固井套管直径更大，因此不可简单借用石油钻进标准。大直径套管下放环空间隙要求须考虑以下两方面原则：

①套管下放阻力主要来自于套管外壁与孔壁间产生的吸附和摩擦阻力，与其两者接触面积大小有关。套管尺寸越大，则套管实际下放过程中在管外壁易黏附更多的泥皮或岩屑，容易产生较大的阻力，环状间隙设计应增大。

②大直径套管下放过程中采用焊接方式连接，较石油标准规格套管的丝扣连接方式需要更长的时间。套管下放过程中需考虑长时间静止带来的钻孔缩径卡阻等风险，因此孔深较大时，套管下深越大，环空间隙应适当增大。

结合石油套管标准系列环空尺寸及大量施工案例，常用煤矿区地面大直径钻孔套管与孔径（钻头）尺寸选择配合参考表 4.1。当地层较稳定、钻孔垂直度高、曲率小、孔壁泥皮厚度小以及套管设计下入深度较浅时，孔径（钻头）尺寸可选择下限，否则选择上限。

2）孔深与套管下深

钻孔深度须大于套管下深，以保证在钻孔底部留有沉渣空间，可提高固井质量。矿山地面大直径钻孔作为地面与井下的连通通道，在钻孔设计为三开孔身结构的情况下，三开钻进直接透巷（图 6.2），需对二开孔深与套管下深做重点分析。

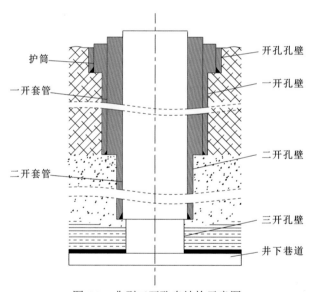

图 6.2　典型三开孔身结构示意图

为保证三开钻进透巷精度，三开段孔长不宜过大；二开固井时，为防止巷道掘进产生的裂缝导致水泥浆漏失，或固井时水泥浆将巷道顶板岩层压漏，二开孔底距巷顶距离应增大。针对上述矛盾，二开孔深及套管下深分两种不同情况确定。

（1）巷道顶板裂缝产生漏失

巷道掘进时将在顶板内产生裂缝，而裂缝发育高度及裂缝大小与巷道掘进方式、顶板岩层性质有关。首先需预估顶板裂缝发育高度，矿山地面大直径钻孔二开设计孔深需在巷顶裂缝带以上。

（2）固井水泥浆压漏巷顶

根据巷道顶板岩层力学性质，结合钻进泥浆及固井水泥浆密度等参数，确定最小的安全层厚度。矿山地面大直径钻孔三开段长度应大于安全层厚度。

2. 确保钻孔同轴

大直径孔段是在导向孔的基础上，经过多级扩孔达到设计直径；在扩孔钻进过程中钻头的消耗量较大，往往需要多次更换扩孔钻头。由于钻头直径较大，加工制造容易产生较大误差，更换不同扩孔钻头钻进时，会对钻孔的同轴性带来不利影响。为了保证孔身质量，给后续套管下放提供有利条件，必须在更换钻头时确保同轴钻进。

1）导向孔居中钻进

大直径钻孔在二开和三开钻进时，由于上部孔段已完成大直径套管下放并固井，套管内径比下部孔段导向孔钻头尺寸大数倍，因此导向钻头下至孔底时，其位置不一定会在钻孔中轴线上，需采取防护措施保证导向孔居中钻进。实际中通常采用扶正板方式，如图 6.3 所示。

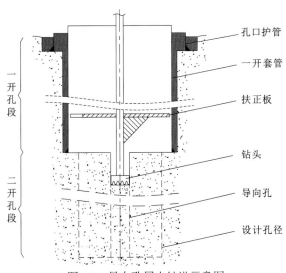

图 6.3　导向孔居中钻进示意图

①扶正板安装在距离钻头以上 15m 左右的位置；扶正板外径略小于上部套管内径，正循环钻进时需预留循环通道。

②采用"吊打"的方式施工导向孔，即利用部分钻具自重施加较小钻压；钻进 5～10m 后提钻，拆除扶正板，重新下钻继续施工导向孔。

2）扩孔居中钻进

扩孔钻进时在扩孔钻头底部使用短节连接导向钻头，保证钻孔是在同轴的基础上扩大孔径。同一级序扩孔钻进过程中更换扩孔钻头时，须严格统一钻头直径。由于矿山地面大直径钻孔根据不同的实际需求差别较大，目前大直径扩孔钻头尚没有统一的直径规格标准，大部分情况下根据不同的孔径要求单独加工制造扩孔钻头，因此同一扩孔级序所使用的扩孔钻头，必须严格控制钻头加工精度，保证各钻头外径尺寸一致，防止孔壁出现"台阶"。

3. 提高孔壁稳定性

大直径钻孔扩孔钻进过程中，裸露的孔段长，孔壁面积大，在钻进载荷和地层压力作用下，孔壁失稳风险大。提高孔壁稳定性，确保扩孔钻进过程中不出现坍塌、缩径、掉块等孔内复杂情况，是大直径钻孔孔内事故预防的重点。

地层中任何一点的岩石都受到来自各个方向的应力作用，可分解为三轴应力（图6.4），即垂直应力（上覆岩层压力）σ_v 和两个水平应力 σ_H（最大水平应力）和 σ_h（最小水平应力），通常这两个水平应力是不相等的。当地层被钻孔钻穿以后，孔内液柱压力代替了被钻掉的岩石所提供的原始应力，孔径周围的应力将被重新分配，被分解为周向应力、径向应力和轴向应力。矿山地面大直径钻孔以垂直孔为主，但不可避免地存在孔斜，当某一方向的应力超过岩石（特别是破碎性地层或节理发育地层）的强度极限时，就会引起地层破裂。虽然孔内有泥浆液柱压力，但不足以平衡地层的侧向压力，所以，地层总是向孔壁内剥落或坍塌。

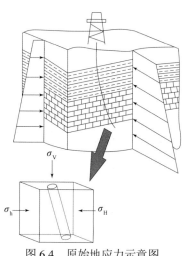

图 6.4　原始地应力示意图

维持孔壁稳定性，需要满足两个条件：

（1）静力平衡条件

孔壁内外受到的两组相向作用力应保持平衡，即孔内循环液柱压力 P_m 与孔壁圆拱支撑力 P_c 之和，应不小于地层孔隙压力 P_o 与孔壁岩层侧压力 P_h 之和。

（2）地层渗流条件

根据渗流理论，地下水如果存在水头压差，其沿压差方向产生定向流动，这种渗流对岩土颗粒产生顺流向的推动力，将造成孔壁的不稳定。地层渗流条件需满足"孔内水头压力大于地下水压力"的条件。

通常情况下，孔内向外作用于孔壁的压力稍大于地层作用于孔壁向内的压力，首先确保孔壁岩石不发生剪切破坏，造成孔壁坍塌；但同时不能使孔内液柱压力过高，使孔壁岩石发生破裂，并保证孔内不发生漏失。以常见的液体循环介质为例，结合矿山地面大直径钻孔施工实际情况，为了提高孔壁稳定性，泥浆体系设计原则如下：

①按平衡地层压力的要求设计泥浆密度。首先确定当 $P_m=P_0$ 或 $P_m=P_h$ 时，所需的泥浆密度值。P_0 和 P_h 的计算选取，要视实际情况下平衡哪一种压力更为重要来定。如果两者都需要平衡，就应该分别计算出两种结果，权衡出介于两者之间的某值。

②按携岩排渣、护壁堵漏的要求设计泥浆流变性。泥浆流变性主要考察黏度指标，以提高泥浆的护壁堵漏效果，增加局部不稳定松散地层胶结能力。对于弱胶结的砾石层、砂层，应使泥浆有适当的密度和较高的黏度和切力；对于应力不稳定的裂缝发育的泥页岩、煤层、泥煤混层，应使泥浆有较高的密度和适当的黏度和切力，并尽量降低滤失量。

③兼顾泥浆其他性能指标，控制必要的润滑性。

在钻进操作方面，需减少孔内压力激动，控制起钻速度。特别是在大直径钻头泥包的情况下，上起钻柱时，孔口液面不降或外溢，这是很危险的情况，应停止起钻，循环泥浆，采取措施，消除泥包；下钻及接单根后开泵应先小排量开通，待泵压正常后再逐渐增加排量。合理保持泥浆液柱压力，起钻时要连续或定时向孔内回灌泥浆。尽量避免长时间泵无循环，若孔内循环长时间停滞，则需向孔内注入稠泥浆。

空气潜孔锤钻进工艺能够有效提高矿山地面大直径钻孔效率，该工艺维持孔壁稳定性主要从以下方面采取措施：

①空气钻进适用于不含水或弱含水地层，渗流作用对孔壁的破坏作用较小，孔壁稳定性主要由圆拱支撑力 P_c 抵抗孔壁岩层侧压力 P_h 维持，因此钻进地层特性的考察和选择显得尤为重要，基本要求是在钻进成孔后，能够依靠孔壁自身的圆拱支撑力抵抗外侧压力。

②采用空气反循环钻进工艺时，循环气体和岩屑从钻杆中心通孔排出，不对孔壁造成冲刷破坏，有利于孔壁稳定，但需适时进行划眼作业，保证孔眼光滑。

③采用空气正循环钻进工艺时，上返气体和岩屑对孔壁冲刷扰动作用较大。为提高排渣效果，减少孔壁的冲刷破坏，可适当添加泡沫液等介质，对孔壁起到一定保护作用，同时进行必要的划眼作业。

4. 做好孔口安全防护

矿山地面大直径钻孔一般采用二开或三开孔身结构设计，孔径较大，因此孔口直径更大，存在安全隐患；且孔口处于第四系地表，地层松散破碎，严重影响一开钻孔钻进。大直径钻孔必须做好孔口安全防护。

①安装孔口护管。大直径钻孔孔位确定后，需安装孔口护管。一般孔口护管下深 3～5m，内径大于一开孔径。孔口护管安装前，可在孔口采用机械挖掘出安装孔洞，将大直径管居中垂直放入，采用水泥浆灌注环空固定。

②扩孔钻进过程中，在保证孔内循环和钻具活动顺畅的情况下，封盖孔口，防止发生孔内落物事故；停钻期间，用圆钢板焊封孔口。

6.2.2　下套管作业预防

下套管是矿山地面大直径钻孔施工过程的重要工序。套管下放的基本要求是无阻下放，因此首先需做好通井工作。此外，下套管过程中还需从以下四方面预防孔内事故。

1. 套管无损检测

大直径套管在加工制造、运输储存等过程中难免会受到不利影响而产生质量问题，因此在下套管之前需对套管进行检测，将存在质量缺陷套管剔除，确保下入孔内套管质量合格。采用套管无损检测技术，既不损害套管本体，又可将套管表面或内部各种质量缺陷检查无疑，是首先从管材质量方面预防在下套管、固井及后期生产过程中发生事故的重要手段。

目前比较常见的管道缺陷检测方法主要有：超声波法、射线法、常规电磁涡流法和远场涡流法等。

超声波检测是利用超声波振动在介质中的传播及反射来得到待测件内部结构，其特点是方向性好、穿透能力强、能量高、对人体无害。其缺点是检测速度较慢，不能检测航空构件和多层结构中间层上的缺陷，且检出容易，但不容易定量来判断缺陷类型和大小，也不易发现细小裂纹等。

射线法利用射线（X 射线、γ 射线、中子射线等）穿过材料或工件时的强度衰减程度来检测其内部结构。适用于材料内部体积型缺陷如孔洞、夹杂物、焊缝等，对于面积型缺陷（如裂纹等）有选择性，即缺陷平面与射线透照方向平行或接近平行时非常适用，当缺陷平面与射线透照方向垂直时极不敏感，易发生漏检，该方法对人体有害。

常规电磁涡流法为高频激励的铁磁线圈在待测工件中感生出涡流，通过涡流分布来分析工件内部质量状况的无损检测方法。原理为激磁线圈产生激磁电流，并在被检测件中感应出涡状电流，涡流又产生自己的磁场，由于涡流磁场中包含着管材状况等各种信息（如油管中存在的各种缺陷），通过检测线圈把涡流磁场信号检出，进行滤波、鉴相、放大等处理，去除噪声干扰，放大缺陷信号，以此来判别管材中缺陷的存在及缺陷的形式。该方法具有快速、方便、无污染、成本低、灵敏度高、不需要耦合剂、便于现场检测等特点。

远场涡流法无损检测（remote field eddy current, RFEC）是近年发展起来的一种电磁无损检测方法。RFEC 是一种能够穿透金属管壁的低频涡流检测技术，探头由激励线圈和检测线圈构成，通常为内通过式，低频激励，涡流信号由激励线圈激发，然后一部分信号径向穿过管壁，在管壁外沿轴向传播，到达一定轴向位置后又有一部分信号重新返回管内，这些返回的信号被检测线圈接收，这些信号带有管壁信息，从而能检测出金属管子的内、外壁缺陷和管壁的厚薄情况。

无损检测方法原理及应用对比情况见表 6.4，性能对比情况见表 6.5。

2. 提高套管焊接质量

提高大直径套管焊接质量，主要包括焊缝质量和套管同轴性。

（1）焊缝质量

焊缝质量直接关系套管柱的整体性能，也影响后续固井效果，必须保证焊缝质量。焊接须由专业焊工操作，采用合格焊接材料；焊缝外形均匀，焊道与焊道、焊道与基本金属之间过渡平滑，焊渣和飞溅物清除干净；焊缝表面不得有裂纹、焊瘤、烧穿、弧坑等缺陷，不得有表面气孔、夹渣、弧坑、裂纹、电弧擦伤、咬边、未焊满等缺陷；焊缝咬边深度≤0.05t（t 为板材最薄处厚度，mm），且≤0.5mm，连续长度≤100mm，且两侧咬边总长≤10%焊缝长度；焊缝要进行探伤检验，确保焊缝强度不低于套管体强度。

焊缝允许偏差项目见表 6.6，大直径套管焊接须达到 II 级标准。

表 6.4　无损检测方法原理及应用对比

检测方法	方法原理	检测部位	适用材质	主要检测对象
超声波法	超声波反射	内部缺陷	超声介质	铸、锻、焊及机加工件
射线法	射线的衍射衰减	内部缺陷	金属或非金属	
常规涡流法	电磁感应	表面或近表面	铁磁性	管材、线材、棒材及金属工件
远场涡流法	电磁感应二次穿透	内外表面或壁厚	铁磁性或非铁磁性	

表 6.5　无损检测方法性能对比

性能指标	超声波法	射线法	常规涡流法	远场涡流法
裂缝灵敏度	强	强	较高	较高
夹杂物灵敏度	一般	强	低	低
检测效率	一般	高	高	一般
自动化程度	一般	较高	高	高
对表面质量要求	高	高	一般	低

表 6.6　焊缝允许偏差范围

项目			允许偏差/mm			检验方法
			I 级	II 级	III 级	
对接焊缝	焊缝余高/mm	$b<20$	0.5～2	0.5～2.5	0.5～3.5	用焊缝量规检验
		$b\geq20$	0.5～3	0.5～3.5	0～3.5	
	焊缝错边		$<0.1t$ 且≤2.0mm	$<0.1t$ 且≤2.0mm	$<0.15t$ 且≤3.0mm	

注：b 表示焊缝宽度，mm；t 表示板材最薄处厚度，mm。

（2）套管同轴

①焊接扶正板。在已入孔套管上端口周围焊接扶正板，上部套管通过扶正板与下部套管对接，消除套管端口连接时的错位。扶正板厚度稍大于套管壁厚，其伸出的扶正长度不小于 300mm，在下部套管端口圆周上焊接 3～4 个。

②零接触力对接。上部套管提吊与下部套管对接接触时，提吊力应等于套管自重，使两根套管保持接触，但下部套管不承受上部套管自重，保证套管在自重力作用下铅垂向下。可在孔口远处放置铅垂线用于同步观测校验。

3. 实时校验套管抗挤强度

套管抗挤强度校验，每下入一根套管校验一次，或每 10m 左右校验一次。校验参数主要包括：

①已下入孔内套管重量及其所受泥浆浮力。

②灌入套管内泥浆（或清水）体积、重量及液面高度、孔内套管空置段长度。

③钻机提升拉力。

④浮箍、浮鞋受到的内外压差。

根据各控制点校验情况，可得参数的变化趋势，便于控制参数范围。参数范围控制参照原则如下：

①钻机提升拉力不超过额定提升力。提升拉力不能过小，否则套管下放时摆动严重；提升拉力较大时，钻机系统载荷过高，增加维护成本。

②孔内套管空置段长度越小越好。

③浮箍、浮鞋内外压差越小越好。

4. 控制下放速度

套管下放速度一般不超过 0.46m/s。过高的下放速度，会引起孔内压力激动，易压漏地层。特别是漏失等复杂孔段，下放速度过快，发生漏失的风险更高。

套管下放全过程应派专人观察环空泥浆溢流情况，特别是通过缩径段、渗漏性层段或漏失层段等复杂孔段时，需准确测量泥浆溢流量，核实孔内是否发生漏失及漏失情况。

套管通过有台阶孔段或缩径处容易遇阻，此时不能强行快速下放，更应降低下放速度缓慢通过，必要时可适当旋转套管下放；同时注意绝不能使吊卡离开接箍或由于吊钩过快下放而造成提吊钢丝绳弯曲，以防止套管突然坠落。即使是 0.45m 的短距离自由下落，也可能造成套管顿断或者压漏地层。

6.2.3 固井作业预防

1. 预防固井过程憋泵

固井的注、替过程中发生憋泵主要由于浮箍、浮鞋通道或环空阻塞引起。浮箍、浮鞋阻塞后无法注入水泥浆，环空阻塞易导致压漏地层。预防固井过程憋泵主要从以下三方面采取措施：

①预防浮箍、浮鞋通道阻塞。下套管前清洗井底；下套管过程中严格管理井口作业，预防杂物落入套管内，并仔细丈量套管尺寸，杜绝套管鞋直接插入孔底沉砂。

②预防环空阻塞。通井过程中认真调整泥浆性能，清洁井眼；通井后合理组织下套管及固井作业，在井壁稳定期内完成施工作业。

③控制环空返速。应控制注水泥与替浆速度不大于正常循环时的速度。虽然提高返速有利于提高封固质量，但井壁不稳定时也容易冲垮井壁，应根据井下实际情况，慎重决定。

2. 预防固井过程漏失

固井水泥浆密度较泥浆高，因此固井过程中在破碎易漏失地层发生水泥浆漏失的风险更高，需在注水泥浆前做好防漏措施。可在固井前的试循环中加入堵漏剂，分段、逐步进行循环，先将一部分堵漏浆液替入环空，关井向漏层中注入堵漏剂，静止一段时间后再试循环，如此反复操作，直至地层承压能力复合固井要求。

3. 确保钻杆与浮箍插头准确对接

大直径套管下入孔内后，采用内插法固井时，需首先将连接好匹配注浆插头的钻杆从套管内部下放，并与浮箍、浮鞋顶部的接头可靠对接，具体要求如下：

①钻杆注浆插头上部安装扶正板，确保钻杆沿套管中轴线下放，准确与浮箍、浮鞋顶部接头对接。

②注浆插头须安设密封圈，涂抹润滑油脂，减少对接阻力，提高密封性。

③严格校验浮箍、浮鞋顶部接头孔深和钻具下放深度，在两者接近时，缓慢下放钻具，防止接头损坏；钻具下深应与浮箍、浮鞋顶部接头孔深一致，同时钻具下放受阻，否则需重新对接，必要时提钻检查。

6.3　典型孔内事故处理方法

6.3.1　孔内事故处理基本原则

在钻孔施工过程中，应采取严谨科学的预防措施，积极应对孔内发生的复杂情况，将孔内事故消灭在萌芽阶段。但若发生孔内事故，也不应慌张，需保持镇定的情绪，冷静的头脑，经过综合考虑后做出处理方案。处理孔内事故与复杂情况应遵守以下四条基本原则（蒋希文，2006）。

1. 安全第一

孔内事故与复杂情况多种多样，处理的手段和使用的工具也各不相同，往往要采取强力起拔、下压、扭转等措施，容易达到设备和工具所能承受的极限强度，稍有不慎就会造成新的事故，甚至由孔内事故引发设备事故或人身事故。处理事故，工序复杂，起下钻具次数频繁，也增加了发生新事故的概率。如果引起二次事故发生，处理的难度更大，甚至无法继续处理，致使前功尽弃。因此在处理孔内事故与复杂情况的过程中，必须从设备、工具、技术方案、技术措施和人员素质各个方面进行详细考量，在确保安全的前提下实施。

2. 快速反应

一旦发生孔内事故或复杂问题，往往会随着时间的推移而恶化，所以在安全第一的原则下，必须抓紧时间进行处理，从决策、组织、施工等方面要迅速推进，各个工序衔接有条不紊。随着孔内情况的变化及认识的加深，也有可能部分修改或全部修改原定方案，在确定第一方案的同时要有备选方案和应对可能发生其他情况的处理方案，预做准备。对从事作业的人员来说，长时间的进行事故处理，必然会影响工作情绪，又进一步影响事故处理效果。因此进行孔内事故处理时，须重视时间观念，快速行动，紧而不乱。

3. 灵活处置

处理孔内事故和复杂情况是一个多变的过程，没有一成不变的方案，有时孔内情况变了，处理方案也要随之改变，灵活机动。做到这一点最关键的是实时掌握现场第一手资料，特别是关键时刻的关键信息，根据最新的实际情况及时地调整方案，加速处理过程。因此事故处理过程中，既要重视过去的经验，又不拘泥于过去的经验；既要灵活机动，又不违反客观规律；既要大胆思考，又要符合逻辑思维程序。

4. 经济划算

由于孔内事故的复杂性，处理的难易程度相差很大。在现今技术水平下，有的事故没有处理成功的可能性；有的事故虽有处理成功的可能性但难度很大，需要耗费相当多的物资及时间；有的事故初期看来处理难度不大，但在处理过程中，孔内情况却变得越来越复杂；有的事故用不同的方案进行处理会有不同的经济效果。因此面对不同的情况，从各种处理方案的安全性、有效性、工艺的难易程度、成本及时间的消耗、环境影响等方面进行综合评估，在经济上划算则干，不划算则止。发生事故本已造成了经济损失，处理事故的原则是把这种损失降到最低限度。

6.3.2 卡钻事故处理

1. 专用引鞋装置

矿山地面大直径钻孔卡钻事故处理基本方法与常规油气勘探开发钻探过程中的卡钻事故类似，但当因卡钻事故造成孔内钻具不连续时，需专用引鞋装置连接鱼头。由于孔径与钻具外径相差很大，钻具斜靠在孔壁上，造成钻具的一侧与孔壁环空间隙大，下入打捞钻具时，打捞工具与落鱼可能不同心而压在鱼头上，甚至打捞工具从环空间隙处下入，无法碰触鱼头。因此需要在打捞钻具下部安装一引鞋装置，将落鱼鱼头引入导向管使其与钻杆公扣或公锥（母锥）对接。当落鱼不规则，如断口不齐时，宜先使用领眼磨鞋或套筒磨鞋修整鱼头，然后打捞；若落鱼被卡死或因卡钻引起的钻具断落，则可先进行套铣解卡后再打捞，套铣无法实施时，可使用反丝钻具及倒扣器打捞。

引鞋装置由钻杆、导向管、公锥（母锥）、喇叭罩组成（陆祖安，1993）。制作时先将打捞工具连接在钻杆的公接箍上，选择内径比钻杆接箍略大的壁厚 10mm 左右的导向管，长度大于丝锥长度 100~200mm，一端切割出若干三角形豁口，使其开口能收缩焊接在公锥（母锥）的母接箍上，另一端打内坡口，防止落鱼被引入时，落鱼台肩面卡在导管的台肩面上。喇叭罩选用比孔径小 50~100mm 的钢管，长度 500~1000mm，一端切割出若干三角形豁口，使其开口能收缩焊接在导向管上，另一端切割出马蹄形豁口。其结构如图 6.5 所示（陆祖安，1993）。

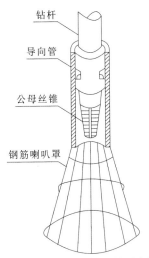

图6.5　钻具引鞋打捞工具示意图

打捞脱落或断裂的套管时，只需将钻具和钻杆公锥（母锥）替换成套管或套管公锥（母锥）即可，图 6.6 为施工现场加工的套管引鞋打捞工具实物照片。

图6.6　套管引鞋打捞工具实物

若喇叭罩底部不切割马蹄形豁口，则有可能发生喇叭罩压在落鱼台肩面上的情况，造成喇叭罩撕裂（图6.7），无法对接至落鱼，进而无法打捞出钻具。

图6.7　喇叭罩撕裂照片

2. 实例分析与处理

1）事故概况

彬长矿区某地面大直径瓦斯管道井在进行二开二级扩孔 Φ850mm 钻进至 391m 时，发生卡钻事故。事故发生之前，钻孔施工完成工作量如下：①一开：孔深 76m，扩孔直径 Φ1200mm，下 Φ920×12mm 螺旋钢管至 75m 并固井；② 二开：导向孔 Φ222mm 定向纠斜钻进至 489m，轨迹控制达到设计要求；然后一级扩孔 Φ550mm 钻进至 492m，二级扩孔 Φ850mm 钻进至 391m。

事故发生时，突发憋钻，转盘扭矩增大，司钻随即提升钻具，但阻力较大，钻具无法活动。在强力提升、回转钻具过程中，大钩起拔力及转盘扭矩增大，随后扭矩陡降至零，悬重大幅度减小，现场判断钻具已经断裂。提出 Φ127mm 钻杆 53m 后发现断口，经对比分析，事故造成孔内落鱼长度 338m，落鱼总质量约 20t；鱼头（断裂钻杆体中部）深度 53m，在表层套管内；鱼底（Φ850mm 钻头）深度 391m。孔内钻杆断裂事故示意如图 6.8 所示。

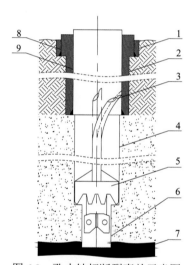

图 6.8　孔内钻杆断裂事故示意图

1.孔口孔壁；2.一开孔壁；3.鱼头；4.二开孔壁；5.鱼底；6.三开孔壁；7.煤层；8.孔口护筒；9.一开套管

2）事故分析

经分析事故发生过程，测量对比钻杆断口情况，认为造成卡钻及钻杆断裂事故的原因有主要两条（莫海涛，2014b）。

①落物卡钻。事故发生前扩孔钻进正常，钻进岩层为砂质泥岩，突然憋钻及扭矩剧增，上提钻具阻力大而泥浆循环正常，这均是落物卡钻的典型特征。二开 Φ550mm 扩孔钻进显示的鱼底层位岩性见表 6.7，初步判断为砾岩层大块砾石掉块所致。

表 6.7　鱼底层位岩性

孔段/m	厚度/m	岩石类型	岩性描述
325～368.3	43.3	粗砾岩	紫灰色变质岩-花岗岩屑粗砾岩，巨厚层状
368.3～401.3	33.0	砂质泥岩	紫杂色砂质泥岩，巨厚层状，中夹粗砂岩和细砂岩薄层

②钻杆腐蚀。由于腐蚀使管壁变薄，表面产生凹痕，造成钢材变质，钻杆所能承受的载荷降低，致使在卡钻事故发生后的强力处理时断裂。断裂钻杆断口内壁布满锈迹，凸凹不平，最小壁厚不到 5mm。

3）事故处理

分析事故原因，本次事故处理的难点主要是鱼底落物卡钻严重，处理难度大；鱼头位于表层套管内，易于对接打捞，是事故处理的有利条件。结合实际情况，本次事故处理的过程如下。

①母锥打捞。使用右旋螺纹 Φ127mm 钻杆+右旋螺纹 MZ/NC50 型母锥+导向引鞋，下钻对接鱼头，成功造扣，循环并试提。由于卡钻严重，鱼头钻杆腐蚀，三次试提至 500kN 均脱扣；再次对接造扣后，调配泥浆，提高其携带能力，循环 12h，冲洗鱼底沉渣，试提至 700kN 脱扣。母锥打捞失败。

②倒扣打捞钻杆。使用常规 Φ127mm 左旋螺纹钻杆及配套倒扣接头（图 6.9），100h 内即打捞出所有钻杆，孔内落鱼只剩 Φ850mm 扩孔钻头。

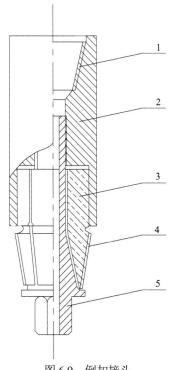

图 6.9　倒扣接头

1.左旋螺纹 NC50；2.上接头；3.胀心方套；4.右旋螺纹 NC50；5.胀心轴

③打捞钻头。为顺利打捞出 Φ850mm 扩孔钻头，首先调配泥浆，加入足量烧碱，提高其分散性，并准确替浆至 370～400m 孔段，预防鱼底处砂质泥岩缩径卡钻；然后倒扣打捞钻杆，待钻杆全部捞出后，换右旋螺纹 Φ127mm 钻杆及配套接头，准确对接钻头，经反复回转、试提，最终捞出钻头（图 6.10）。

图 6.10　打捞出的钻头实物图

6.3.3　牙轮落物打捞

1. 打捞工具

1）筐兜式打捞工具

筐兜式打捞工具主要由法兰盘、中心管、上部对称扇形板、主筋板和加密筋板、下部对称扇形刮刀板及刀头等组成，其结构如图 6.11 所示（张公政，1997）。

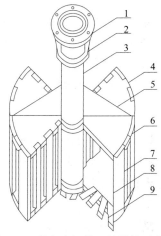

图 6.11　筐兜式打捞工具结构示意图

1.法兰盘；2.加强筋；3.中心管；4.扇形板；5.加密筋板；6.加密筋；7.主筋板；8.扇形刀板；9.刀头

上部法兰盘与所用钻杆尺寸匹配，当打捞工具直径小于 1m 时，可直接选用 Φ114mm 或 Φ127mm 钻杆作中心管，其直径大于 1m 时，可选用 Φ178mm 无缝钢管作中心管，管壁厚度可选用 9~16mm，材质为 DZ40~DZ50，长度 800~1000mm。上下对称扇形板由 4 块 90°扇形面组成，其扇形半径按照钻孔的直径确定，材质可选用 Q253B、厚度为 30~40mm 的板材；主筋板、加密筋板及加强筋，一般选用 10~30mm 厚的板材，主筋板和加密筋板的长度可根据上下扇形板间距来确定，一般取 300~400mm；刀头由刮刀和中心清孔刀两部分组成。

组焊时应注意如下问题：①上部法兰盘应与中心管垂直 90°焊接；②上下 4 块扇形板应圆周 180°对称、上下对称，并相互平行垂直中心管焊接；③刀头按照圆周切削排列组合，并要求刀体与扇形刮刀板成 30°角；④所属各部件应布局合理，焊接牢固可靠。

使用方法：打捞时，将打捞工具放入距孔底 300~500mm 处，低速转动，清除孔底沉淀岩粉，待工具接触原基岩平面并转动平稳后，可提高转速继续转动 1~2min，利用刮刀的推铲特点，使被打捞物随工具在孔底作圆周位移，由于物体受到孔底泥浆岩屑的阻力作用，随着打捞工具旋转速度的提高，物体受到泥屑的阻力越大，被打捞物体将随着泥屑流进筐兜内。

2）钢丝网打捞工具

钢丝网打捞工具可分为敞开式和封闭式两种类型（李志春，2012）。敞开式钢丝网打捞器是采用比钻孔直径小一级别的短管，在下端离端口 50mm 左右，用 Φ16~28mm 的长度略大于短管半径的钢丝绳将短管下端沿径向布置成辐射状，根据所落物件的大小决定钢丝绳布置的间隙，钢丝绳的一端与管壁采用焊接方式固定，管壁厚度在 10mm 以上。其结构如图 6.12 所示，实物如图 6.13 所示。

当孔内发生掉落物件事故时，将打捞器下入孔底，罩住孔底，转动使所落物件强制扫入钢丝网。在旋转离心力的作用下使进网的物件靠入打捞器管子内壁，此处的钢网的支撑力最大，提升钻具将孔底落物打捞上来。

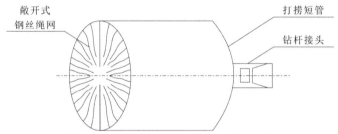

图 6.12　敞开式钢丝网打捞器结构示意图

图 6.13　敞开式钢丝网打捞器实物

封闭式钢丝网打捞器的制作是采用比钻孔直径小一级别的短钢管，在其下端口用 Φ16mm 钢丝绳布置成网状，网眼做成矩形或菱形，网眼尺寸在 100×100mm 左右，钢丝绳与管壁采用焊接方式固定，其结构如图 6.14 所示。

当孔内发生掉落物件事故时,将打捞器下入孔底,转动使所落物件强制进入钢网,提升钻具将孔底落物打捞上来。

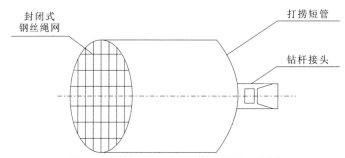

图 6.14　封闭式钢丝网打捞器结构示意图

两种打捞器的优缺点见表 6.8。

表 6.8　封闭式与敞开式钢丝网打捞器对比

工具	优点	缺点	打捞效率
敞开式钢丝网打捞器	工艺简易,现场操作简便	径向辐射状布置的钢丝绳在打捞器转动时,容易发生一定角度的转变,致使中间空隙变大	对于稍大落物,一次打捞成功率高;对于螺母、螺栓等小落物,也较适用此打捞器
封闭式钢丝网打捞器	工艺简易,现场操作简便	钢丝绳压在掉落的牙轮上,转动打捞器时易使钢丝绳撕断或从某一端焊接点挣脱,致使钢丝网破坏	在孔内落物较多的情况下,往往需要多次下入打捞器实施打捞

2. 强磁打捞工具

强磁打捞工具将大吸力永磁体固定在大直径钻头体底部,取代牙轮掌,上端通过接头将强磁打捞工具与钻具相连。该工具是利用永磁体的磁性将孔底活动的钢铁质落物磁吸在工具底面上进行打捞,如图 6.15 所示。

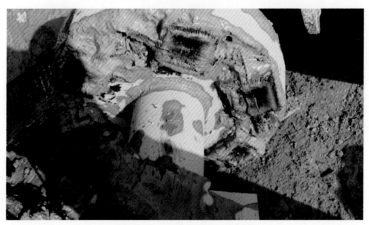

图 6.15　强磁打捞工具实物

3．牙轮落物打捞实例

在山西某矿山地面大直径钻孔施工过程中，当二开 Φ680mm 牙轮钻头扩孔至 235m 深度时，出现跳钻、钻进无进尺的现象，但泥浆循环正常，经初步判断认为，可能是扩孔钻头磨损严重，发生了牙轮脱落事故。随后将钻头提出孔外，发现牙轮牙掌脱落 4 个。在本次牙轮牙掌脱落孔底的事故处理中，采用强磁打捞工具成功将孔内牙轮牙掌落物全部打捞。

6.3.4　钻具套铣打捞

1．套铣工具选择

特长套铣筒一般采用带丝扣套管，每根套管长度 12m 左右。套铣筒的规格通常比事故钻具最大外径大两个级差，比钻孔孔径至少低两个级差。套铣筒钻头的规格比事故钻头的规格小一级或等于事故钻头的外径，钻头合金宜采用孕镶粉末合金或其他抗耐磨合金。典型套铣钻头实物如图 6.16 所示。

图 6.16　套铣钻头实物

套铣作业的一般步骤为：

（1）计算卡点、倒扣

利用卡点计算公式计算卡点位置，综合钻具组合、地层岩性等多种因素分析卡点位置，计算出卡点上部钻具悬重。上提钻具，拉力等于卡点上部钻具的悬重，使钻具中和点位于卡点上部，尽量接近卡点。中和点尽量接近卡点是为了尽可能多的起出卡点上部自由钻具，减少套铣的工作量，缩短事故处理时间。在孔口实施倒扣操作后，起出倒开的钻具。

若有条件可采用测卡仪器从钻具内下放，正转钻具，通过测卡仪信号是否明显来判别、确定卡点的精确位置，爆炸松扣起出自由钻具。

（2）套铣

下入套铣钻具，钻具组合为：铣鞋+套铣筒×1根+转换接头+钻杆，在下钻至鱼头上部开泵循环，防止鱼头被沉砂掩埋，缓慢下放钻具待套铣筒套住鱼头后正常套铣至钻杆公接箍进入套铣筒1~2m，便于倒扣后下次套铣时容易进入。套铣筒的长度稍大于钻杆长度，因此每次只能套铣一根钻杆，需计算好钻杆接箍处的孔深，防止套铣进尺过长造成鱼头抵住套铣筒造成磨损。

（3）打捞

下入打捞钻具。该钻具组合为：钻具倒扣捞矛+反丝钻具。待安全接头与孔内被卡钻具连接后，钻具反转倒扣，起出倒开的钻具。

重复（2）、（3）步骤，直至孔内钻具全部倒开，起出。

2. 套铣打捞实例

1）事故概况

某矿山地面大直径钻孔在二开固井后扫完水泥塞，发现固井质量较差，随后采用插管法挤水泥浆进行补救。首先，下入钻杆至孔深216.99m处，密封孔口。然后，从钻杆内注入前置液，憋压至4.8MPa后，出现压降，压力稳定在4.2MPa，泥浆从环空返至地面，现场判断环空通畅。开始注前置液8.3m³，水泥浆33m³，顶替清水13.7m³。孔口憋压候凝6h后打开孔口，发现上提钻具，判断发生"插旗杆"事故。用固井车通过钻杆打清水0.8m³，压力6MPa，无压降。从钻杆与套管环空间隙下入钻具探知水泥塞面深度为117m。

该钻孔为二开孔身结构，其二开孔径Φ780mm，二开深度265m，下入Φ630mm套管，孔内钻具组合为Φ127mm钻杆×15根+转换接头+Φ114mm钻杆×8根。

2）事故处理

现场采用孔口下击器振击无效后，决定套铣钻具。为防止自由段钻具起出后，套铣筒无法套住鱼头，从孔口下入Φ244.5×8.94mm套管串，套管串底端坐在水泥塞面。为防止套铣筒套铣时带动套管反转造成套管松扣掉落，上下两根套管在连接处均焊有加强筋。

倒出上部自由段钻具后，孔内剩余Φ127mm钻杆。采用一根套铣筒实施套铣，钻具采用Φ114mm普通钻杆。套铣钻具组合为：Φ214mm铣鞋+Φ206mm套铣筒×1根+转换接头+Φ114mm钻杆。

套铣时的钻进参数：钻压20~45kN，转速30~60r/min，排量10~20L/s。打捞钻具组合为：ZDM62钻具倒扣捞矛+Φ127mm反丝钻杆。经过逐根套铣，打捞出所有钻具。

6.3.5 套管内桥塞式堵漏

1. 事故概况

在某矿山地面大直径钻孔施工结束后，下完技术套管进行固井作业时，因固井设备故障原因导致固井中途中止，虽然现场及时采取措施试图循环出套管与孔壁环状间隙的水泥浆，在二次固井时仍出现了串槽现象，固井质量不达标。在后期补救作业过程中又出现套管破损、地层水沿套管破损处漏进孔内的复杂情况。

现场采取空气反循环排水后，测出水位在 189m，下入摄像头能够清晰观察到套管壁的漏水点，测量其深度为 128.8m，出水量大约为 0.086m³/h。为避免对下一步生产作业造成影响，现场采取多种方法堵漏均未成功。

因该钻孔技术套管外径 Φ630mm，内径 Φ606mm，石油行业内无相配套的封隔器，最后决定在漏点处下入人工造桥塞，通过在上下桥塞之间挤水泥的办法堵住该漏点。

2. 事故处理过程

1）人工造下桥塞

根据漏点的位置，在孔深 136m 处造下桥塞。首先，现场加工大端直径 Φ580mm、小端直径 Φ500mm、高度 700mm 的圆台状木塞，在圆台木塞周围缠 2 层海带和一层麻绳，并在圆台周围包裹一层棉被；然后，将木塞强压至 136m 孔深处，通过钻杆注入 0.9m³ 水泥浆至下木塞上部，水泥塞高度约 3m，候凝 24h 后，再注 0.9m³ 水泥浆，水泥塞高度约 6m（图 6.17），候凝 48h，下钻探水泥面，测试水泥塞的强度。

2）人工造上桥塞

加工大端直径 Φ580mm、小端直径 Φ500mm、高度 700mm 的木塞，将其上部加工成漏斗状，中心钻一个 Φ50mm 圆通孔，两侧距离中心 200mm 处对称钻两个圆通孔，具体结构如图 6.18 所示。同时，加工直径 Φ300mm、高 800mm 的圆木，中心钻一个直径 Φ50mm 的圆通孔。

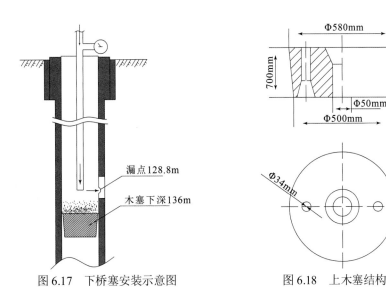

图 6.17　下桥塞安装示意图　　　图 6.18　上木塞结构

为保证圆木与上木塞同轴心，且两者之间的接触面平整光滑，将 Φ50mm 钢管穿过圆木与木塞，并超出木塞底部 300mm。同时利用木工胶填充木塞和圆木之间的空隙，保证两者之间黏合牢靠。Φ50mm 钢管下端连接 2in PVC 筛管 15m，上端与 NC50 转换接头焊接至一起，然后与 Φ127mm 钻杆相连接，且在接头最下端焊接 Φ200mm 的环形钢板，保证环形钢板能够完全压住圆木。木塞两边小圆孔穿 2in PVC 管，超出木塞底部 1m，作为注水泥浆时的排水管。上木塞下端与 1in 管接触的地方缠海带、棉纱等进行密封，如图 6.19 所示。

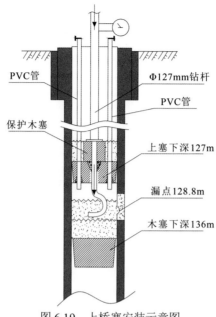

图 6.19　上桥塞安装示意图

下钻压木塞至 116m 处，两根 2in PVC 管与钻具同步下入。圆木与孔壁环状体积 0.17m³，配制水泥浆见表 6.9，通过与钻杆绑在一起的 PVC 管注入水泥浆至圆木与套管之间，候凝 24h。

表 6.9　固定圆木水泥浆配比

水灰比	水泥/t	水量/m³	早强剂/kg	水泥浆量/m³
1∶1.6	0.18	0.11	5	0.17

3）桥塞间注浆

水泥浆配制见表 6.10，用 BW-250 泥浆泵通过钻具将配置好的水泥浆注入上下桥塞之间，待塑料管内返出水泥浆后，利用泥浆泵憋压至 2MPa，关闭注浆泵及管路阀门稳压 1h 后起钻。

表 6.10　桥塞间注水泥浆配比

序号	水灰比	水泥/t	水量/m³	三乙醇胺/kg	KCl 加量/kg	水泥浆量/m³
1	1∶1	0.6	0.57	0.6	0	0.75
2	1∶1	0.6	0.57	0.6	6	0.75
3	1∶1	0.6	0.57	0.6	6	0.75
4	1∶1	0.6	0.57	0.6	6	0.75
5	1∶1	0.6	0.57	0.6	6	0.75
6	1∶1.3	0.75	0.57	0.75	6	0.86

续表

序号	水灰比	水泥/t	水量/m³	三乙醇胺/kg	KCl 加量/kg	水泥浆量/m³
7	1∶1.5	0.85	0.57	0.85	7.5	0.9
8	1∶1.6	0.9	0.57	0.9	9	1
9	1∶1.7	0.95	0.57	0.95	9	1
10	1∶1.6	0.9	0.57	0.9	9	1
11	1∶1.6	0.9	0.57	0.9	9	1
合计		8.25	6.27	8.25	73.5	9.51

　　候凝 48h，下钻扫掉桥塞，将套管漏点处孔壁清理干净，首先测量对比水位变化情况，确认水位无变化，然后采用空气反循环排水将孔内液面降至 180m，下入摄像头观察漏点处情况，没有发现渗水现象，表明已经成功堵漏。

第7章　矿山地面大直径钻孔救援提升装备

井工是煤矿山和非煤矿山开发利用的主要技术途径。当发生冒顶、透水等井下灾害事故时，易造成巷道坍塌，诱发次生灾害，导致人员被困。传统井下救援方式施救速度慢、危险性高，产生二次事故时无法保障救援人员安全，存在应用局限性。地面钻孔救援是一种首先施工大直径钻孔，然后通过提升设备将被困人员从井下提升至地面的救援方式，具有速度快、准确度高、可保证救援人员安全等特点，是矿山事故救援有效手段之一。

经过近几年的发展，国产救援提升装备快速发展，已有多家具有科研实力的制造企业生产出不同型号的救援提升舱及配套装备。

7.1　救援提升装备发展现状

7.1.1　国外救援提升装备

美国宾夕法尼亚州煤矿与智利铜矿矿难救援是两个典型的矿山钻孔救援案例。在提升被困人员阶段所采用的救援装备展示了国外救援提升装备的发展水平，如图 7.1 所示。

a. 宾夕法尼亚州煤矿救援提升舱　　　　　b. "凤凰号"救生舱

图 7.1　国外矿山救援提升装备

由于发达国家对煤炭等资源依赖程度低，资源开采自动化程度和安全管理水平高，安全性好，故对矿山应急救援装备的供需矛盾并不突出，而对矿井开采资源依赖程度高的欠发达国家和地区不具备研制高性能矿山机械的技术和工业基础，因此国外鲜有高度集成、功能齐全的救援提升装备。以"凤凰号"救援装备为例，提升设备采用我国三一重工生产的SCC4000 履带起重机，该起重机最大起重能力 400t，钢丝绳容绳量大。救生舱上下设置有导向轮结构，一方面可实现下放提升导向功能，另一方面可以防止舱体在下放提升过程中碰撞孔壁而产生剧烈震动；舱体内部设置有安全带，底部设置有压缩空气减震舱；舱体外部直径为 540mm，内部直径为 530mm。救援人员通过救援先导钻孔接通电话线，与被困矿工进行语音、视频交流。

7.1.2　国内救援提升装备

国外矿难地面钻孔救援的成功，给予我国矿山救援装备制造企业很大的启发，先后生产了不同规格型号的救援提升装备，包括冀中能源石家庄煤矿机械有限责任公司（以下简称"石家庄煤机厂"）制造的 JT-40Y 型、三一重工制造的 SYLRC-550M 型、中煤科工集团西安研究院有限公司（以下简称"西安研究院"）制造的 ZMK5200QJY40 型，以及陕西煤田地质局 131 队（以下简称 131 队）制造的 KCJ-600 型等救援装备，如图 7.2 所示。

a. SYLRC-550M 型救援装备

b. JT-40Y 型救援装备

c. ZMK5200QJY40 型救援装备

d. KCJ-600 型救援装备

图 7.2　国内救援装备

"凤凰号"存在救援装备各功能部件集成度低问题，需分别搬运，到达现场后组装配合完成救援提升工作，缺乏机动性；起重机卷扬能力强，但未进行力矩限制，遭遇救生舱卡滞时无法识别，有拉断钢丝绳及损坏救生舱的隐患。国内救援提升设备在保证功能的前提下做了相应优化和升级，除131队仍采用起重机进行救援提升外，其他厂家均采用了救援提升车集成设计的思路，将救援装备各功能部件进行了不同程度的集成，增强了救援装备的机动性。并对救援卷扬进行了力矩限制，救援提升能力≤5t。

救生舱是提升救援过程中被救人员的载体，国内外设计人员依据钻孔形状及人体体积正态分布，将救生舱设计为圆筒形结构，上舱段和下舱段采用锥形导向结构，并安装缓冲滚轮，保证舱体下放提升过程平稳，减轻舱体外侧和救援钻孔内壁的碰撞。救生舱下放至巷道底部时，舱底缓冲装置可有效减轻冲击。为满足不同巷道高度要求，西安研究院、三一重工均将救生舱舱门设计为两段式结构。同时，设计了二次逃生功能，可满足突发状况下被救人员的二次逃生。

借鉴"凤凰号"救援装备采用电话线实现井上井下通信的经验，国内设计人员创新采用中心通缆钢丝绳，将通信电缆安置于钢丝绳内部，实现了救援提升和信号传输的双重功能。西安研究院、三一重工、石家庄煤机厂在救生舱内设置了摄像头、对讲耳机、气体浓度测量仪，地面救援人员可与舱内被救人员进行实时交流，并通过控制面板查看救生舱内有害气体浓度，指导救援。其中，西安研究院在舱底设置的红外摄像头，实现了下放提升过程中救生舱下方救援钻孔孔壁的实时监控。孔内数据监控及传输系统是可视化、智能化快速救援的关键技术之一（刘庆修，2019）。

国内矿山救援提升装备均借鉴"凤凰号"的设计思路，通过改进和完善已取得较大程度的进步，可满足矿山事故快速救援的需要（谢涛和陈林，2015；邹祖杰等，2017）。

7.1.3 ZMK5200QJY40 型救援提升装备

为实现救援提升，首先需研制一套可靠提升设备，其次需给予人员在提升过程中足够的安全保护，并提供实时通信保障，对被救人员进行心理疏导，指导救援。根据救援提升要求，将 ZMK5200QJY40 型救援提升装备分为救援提升车、救生舱、通信系统三个功能单元。

1. 救援提升车

ZMK5200QJY40 型救援提升车包括救援专用车、起重卷扬、大吊臂、救援卷扬、排绳器、起落装置、转盘等；救生舱运输状态下固定于起落装置，救援状态下通过大吊臂伸缩、转盘回转，经中心通缆式钢丝绳吊运至孔口；通信系统基于通缆钢丝绳构建，连接救生舱终端和救援远控台终端。救生舱及通信系统均一体式集成于救援提升车上，结构紧凑，机动性强，一旦发生事故，装备可安全快速进入施救区域，展开救援。

从我国目前矿井埋深、地质条件、开采技术等因素考虑，救援深度多在 1000m 以内。通过计算和类比国内外同类型装备，确定主要技术参数见表 7.1。

表 7.1　ZMK5200QJY40 型矿用救援提升车技术参数

项目	参数
救援深度/m	1000
救援/起重能力/t	5/12
提升下放速度/（m/s）	0～2.219
最大行驶速度/（km/h）	90
驱动型式	6×4 后轴驱动
接近角/离去角	20°/10°
外形尺寸（L×W×H）/mm	11960×2500×3850
舱体适用孔/mm	≥Φ580
救生舱外形尺寸（Φ×h）/mm	Φ550×4000
人员舱尺寸（Φ×h）/mm	Φ530×1930

选用救援专用汽车底盘，采用 6×4 后轴驱动，接近角和离去角分别为 20°和 10°，发动机功率为 180kW，动力富余大，爬坡能力强。底盘自带随车起重机吊臂，将 12t 起重卷扬安装于吊臂上方，实现起吊重物功能，可对救援装备各功能部件实施快速吊装，加快救援速度；救援卷扬安装在起重机转盘上，通过排绳器、滑轮穿过吊臂下方，主要用于救生舱提升下放，救援钢丝绳最大可承受 5t 拉力。使用万向轴连接底盘发动机取力口与液压泵输入轴，通过底盘挡位切换实现底盘动力与救援系统动力的切换，无须外接动力，可快速进入救援状态。

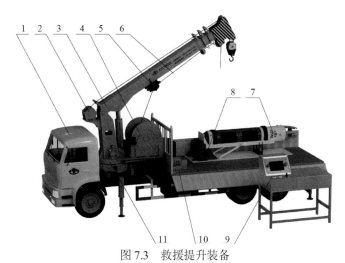

图 7.3　救援提升装备

1.救援专用车；2.起重卷扬；3.大吊臂；4.救援卷扬；5.排绳器；6.通缆钢丝绳；
7.救生舱；8.起落装置；9.救援远控台；10.操纵台；11.转盘

大容绳量卷扬即救援卷扬（图 7.4），可满足 1000m 深度范围的救援提升。该套绞车系统采用液压卷扬行星减速机结构，模块化设计，安装于卷筒内部，占用安装空间较小；卷筒采用"铸造单台阶双折线绳槽"结构及电控排缆系统双重保障，闭环控制，排绳精度高，可有效防止产生乱绳、跳绳等情况，大幅度延长救援钢丝绳的寿命，避免救援产生二次事故。

大容绳量卷扬运行过程中，卷筒及救援钢丝绳为运动部件，卷扬通往地面数据交换器的导线为静止部件，为确保通信信号不中断，卷扬基体结构内，将救援钢丝绳4根通信电缆预装在卷筒旋转轴中心，采用防爆滑环连接钢丝绳运动端和导线静止端。为实现卷扬安全控制，制动系统采用了常开式工作钳和常闭式安全钳两级保险结构，防止因一级制动失效而引起卷扬制动失效。

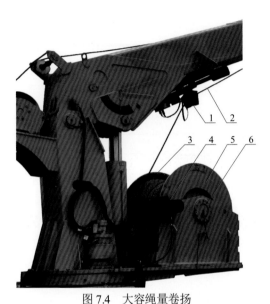

图7.4　大容绳量卷扬
1.排绳器；2.救援钢丝绳；3.常开式工作钳；4.常闭式安全钳；5.大容绳量卷扬；6.滑环

2. 救生舱

为满足井下大直径钻孔救援的需要，救生舱设计为圆筒形结构（图7.5），舱体尺寸参数见表7.1。上舱段和下舱段均采用锥形导向结构，并安装缓冲滚轮，保证救生舱下放提升过程平稳，减轻舱体外侧和救援钻孔内壁的碰撞。救生舱下放至巷道底部时，舱底缓冲装置可在弹簧反作用力支撑下有效减轻冲击。

其中，防断绳保护装置（c部件）基于凸轮原理，在提升下放过程中，通缆钢丝绳通过提升销吊起救生舱，舱体自重压缩防断弹簧，提升杆凸轮斜面相对滚轮向上运动，压缩弹簧伸长，带动卡头缩回。当发生钢丝绳断裂及救生舱运行受阻等紧急情况时，防断弹簧反作用力推动提升杆，凸轮斜面相对滚轮向下运动，迫使卡头伸出，卡头与井筒内壁摩擦力将救生舱固定于井筒内，防止舱体下坠。

底部脱开装置（i部件）具有双保险锁结构，可以有效防止因人员误踩导致下舱段与上舱段脱离。当双保险销拔开，安全带保护好后，被救人员脚踩踏板，压缩脱开弹簧，连杆带动挂钩与上舱段底板脱离，下舱段与上舱段脱开，沿井筒下坠至孔底。被救人员将安全带挂到缓降机挂钩上，可通过缓降机匀速下降落回孔底。

提升救援发生钢丝绳断裂、救援钻孔缩颈、坍塌等事故时，防断绳保护装置、底部脱开装置及缓降机协同作用，可使被救人员安全落回孔底，等待二次救援，实现了救生舱的二次逃生功能。

舱内摄像头、舱底摄像头、通信耳机、气体测量装置和通信设备共同构成通信系统的救生舱终端，完成视频、音频及气体浓度信号采集、存储和转换。随舱体下放的氧气设备为被救人员提供紧急备用氧气。

3. 基于中心通缆式钢丝绳的通信系统

通信系统由转换器、基地站、地面数据交换隔离器、计算机终端及救生舱终端组成，如图 7.6 所示。中心通缆式钢丝绳实现了救生舱基地站与地面数据交换隔离器之间的信号传输。

通信系统通电启动后，红外摄像仪同时捕捉舱内、舱底图像，与通信耳机中的音频信号及气体浓度信号均传输至信号转换器。信号转换器将音频、视频、气体浓度模拟信号转换成数字信号，并采用 MPEG-4 压缩方式进行压缩，压缩编码从 SDSL 线路接入模块经调制后通过矿用双绞线传送给救生舱信号基地站，再通过中心通缆式钢丝绳输出至地面数据交换隔离器。地面数据交换隔离器将 4 路数字信号解码，通过网络信号扩散，救援远控台上的计算机终端同时接收前端设备的两路视音频信号、一路音频信号和一路气体浓度信号，并通过自主开发的救援指挥系统软件显示和监测。

通信系统所采用红外夜视摄像仪，视频图像质量高；舱底视频可观测孔壁情况，调整提升下放速度；舱内视频和音频可实时监测舱内人员状态，有利于进行救援指挥和心理疏导；系统采用电池组供电，无须外部电源，可连续工作 12h 以上，适用性强。

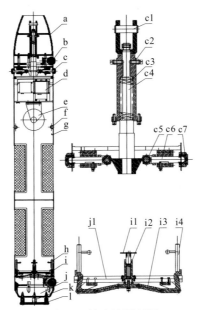

图 7.5 救生舱原理图

a.上舱段；b.导向装置；c.防断绳保护装置；d.通信设备；e.缓降机；f.舱内摄像头；g.通信耳机；h.安全销；i.底部脱开装置；j.下舱段；k.舱底摄像头；l.舱底缓冲装置；c1.提升销；c2.导向套；c3.防断弹簧；c4.提升杆；c5.滚轮；c6.推杆；c7.卡头；i1.踏板；i2.脱开弹簧；i3.连杆；i4.保险销；j1.上舱段底板

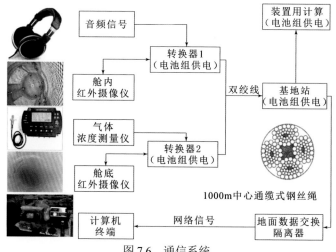

图 7.6　通信系统

地面数据交换隔离器与舱内基地站之间信号传输距离最大达 1000 m，而密闭圆筒无线传输信号衰减幅度大，传输距离短，且无法在救生舱运行通道布置中继器，故只能选择有线信号传输方案。创新使用了中心通缆式钢丝绳，采用四股编织，中心为纤维芯结构，每股钢丝绳由 39 根细钢丝编织而成，中心安置符合煤矿安全要求的中心电缆，达到救援提升和信号传输双重目的。钢丝绳抗旋转能力强，使用及结构稳定性好，耐磨性高；铜电缆涂塑绝缘后，放置在可以随钢丝绳一起转动的外层股，保证电缆的绝缘可靠；经反复加载测试，改善钢丝绳缠绕方式，解决了绝缘层破坏、电缆导线与钢丝绳伸长量不一致难题。

7.2　ZMK5200QJY40 型救援提升装备试验

7.2.1　功能及要求

救援提升装备主要用于矿山垂直钻孔救援。

救生舱舱体外径 Φ550mm，可满足 ≥Φ580mm 钻孔使用要求；舱体有效空间直径 Φ540mm，高度 1900mm，可满足单人次的容纳需要。救援提升车机动性强，稳定性高，救援钢丝绳承载拉力 ≥5t；下放提升速度区间为 0～2.2m/s，能根据工人的耐受度实时调整；钢丝绳下放深度初始位置与预设深度（0～1000m）可标定。地面控制中心与救生舱中搭乘人员能实时视频和语音通信，视频最大帧率 ≥25 帧/s，分辨率 ≥1024×768，并提供 ≥1.5MB/s 的对称速率。

通过车间检测调试、二次逃生试验、工业性试验等方式，验证救援提升装备各项性能及整机可靠性。研究适合矿用地面救援要求的工艺，制定一套矿用地面提升救援规范。

7.2.2　检测调试

1. 外形检测

救生舱为圆筒形结构，主舱体采用 5mm 厚高强度结构钢卷制成型。舱体加工、装配完成后，对舱体外径及内部有效空间尺寸进行了多点测量，外径测量尺寸为 550±5mm，内径测量尺寸 540±5mm，高度测量尺寸 1900±8mm，满足设计要求。

2. 救援钢丝绳承载拉力测试实验

钢丝绳作为起吊承载用绳必须和承载物相连接，连接一般通过钢丝绳编制、压套、楔形环等方式，在钢丝绳环形处安装鸡心环，然后悬挂吊钩与承载物连接。

对于煤矿救援用钢丝绳，要求钢丝绳经过任何连接时，不得破坏钢丝绳内电缆的绝缘层，否则影响整个电源及信号的传输，本项目采用楔形环组合方式与救援车起吊大臂连接，如图 7.7 所示。

图 7.7　楔形环组合

破断和绝缘试验结果见表 7.2，破断拉力远大于设计要求的最大承载拉力（4t）。

表 7.2　破断和绝缘试验结果

破断拉力/t	绝缘性能	结论	备注
21.2（断两股）	绝缘	可行，满足设计要求	

3. 提升速度测试及预设深度标定

救援系统调试过程中，可根据要求，调整发动机转速、液压泵排量及操纵手柄可将载人提升速度最大设置为 1m/s，空载下放速度最大为 2m/s，并能根据救生舱搭乘人员的耐受度实时调整，调整方式可实现无级调速。钢丝绳容量为 1000m，可根据孔深实现下放深度初始位置与预设深度（0~1000m）标定，图 7.8 中标定初始深度为 0，预设深度为 200m，图 7.9 中标定初始深度为 0，预设深度为 293m。

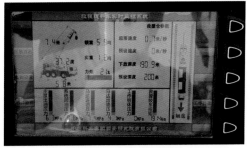 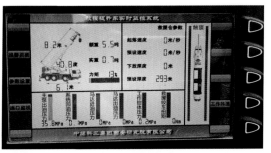

图 7.8 起落速度测试　　　　　　　　图 7.9 深度预设

4. 视频、语音通信

如图 7.10 所示，试验过程中，视频最大帧率为 25 帧/s，分辨率≥1024×768 ，提供≥1.5MB/s 的对称速率，并保持持续稳定状态。载人试验中，慢速下放试验人员至井下 40m 处，地面控制中心可通过视频实时观察救生舱搭乘人员动态，并与之保持语音通信。

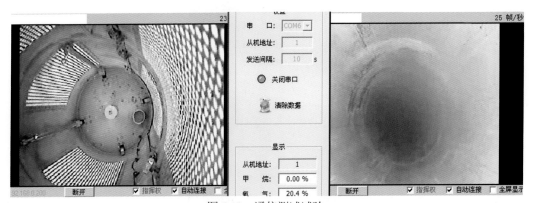

图 7.10 通信测试试验

7.2.3 二次逃生试验

在救援过程中，若出现钢丝绳断裂、救生舱卡死等意外情况时，被救人员需穿戴逃生安全带，通过缓降机缓慢下降至巷道底部，等待第二次救援。项目组在中煤科工集团西安研究院有限公司高新基地进行了救援提升舱的二次逃生功能的测试试验。

1. 试验准备

检查缓降机安装在预先准备的位置上，连接螺栓没有松动情况。通过桁吊将救生舱吊起，检查救生舱其他部分的完好性。

试验准备完成后，救生舱搭乘人员佩戴安全带，进入救生舱，将安全带带扣挂在缓降机带扣上，桁吊将救生舱吊起，如图 7.11 所示。

搭乘人员解开救生舱内安全销后，用脚蹬下舱段脱离踏板，下舱段整体脱落，如图 7.12 所示。

图 7.11　进入救生舱　　　　　　　图 7.12　踏板脱离

2. 缓降机测试

由于缓降机必须在载重条件下产生匀速缓降效果，将缓降机带扣缠绕在下舱段脱离踏板上，试验人员站在梯子上敲击脱离踏板，踏板脱离后匀速下降至地面如图 7.13、图 7.14所示。

图 7.13　敲击脱离踏板　　　　　　　图 7.14　脱离踏板缓降地面

7.2.4　工业性试验

在山西省晋城市沁秀煤业有限公司坪上矿进行了现场试验。试验井总深 293m，套管内径为 Φ630mm，深度 260m，裸孔段内径 Φ580mm，深度 33m。图 7.15 为试验现场，先后成功进行了空载试验、重载试验、动物试验和载人试验。

图 7.15　试验现场

1. 空载试验

在 0～2m/s 速度区间内对救生舱进行了反复提升下放，运行过程中进行了孔壁检测，通信系统在线检测。孔壁完整光滑，套管与裸孔段接缝处无明显凸起，救生舱可顺利通过，视频音频清晰度高，舱内气体浓度和环境参数处于正常范围，满足下一步试验条件。

2. 重载试验

将 700kg 钻具放入救生舱，进行载重匀速下放提升，救生舱运行平稳，舱体强度、结构设计合理，排缆系统和通信系统均运行正常；实验过程中的速度突变（急速下放、急速刹车），未对救生舱、排缆系统平稳性和通信系统数据传输产生明显影响，验证了中心通缆式钢丝绳结构在重载条件下的可靠性。

3. 动物实验

选用活鸡进行试验，经 3 次提升下放，活鸡生命体征表现正常，证明舱内实际气体浓度和环境参数与检测结果一致，具备载人试验条件。

4. 载人试验

试验中，救生舱内安放了备用氧气瓶，救生舱搭乘人员穿矿工服，佩戴标准自救设备，还原救援的真实场景。分三个速度区间进行了 9 次下放提升，最大速度达 1.5m/s，速度超过 1.2m/s 时救生舱搭乘人员感觉明显不适。

四组试验共下放提升救生舱 25 回次，最大下放深度 293m，表 7.3 对各个速度区间下救生舱、救援钢丝绳状态及搭乘人员感受进行了对比研究。考虑设备可靠性、人员安全性及救援效率，空舱下放时，速度应控制在 1.5±0.2m/s；有人员搭乘时，速度应控制在 0.8±0.1m/s。

表 7.3　不同速度区间救援状态对比

速度区间 / (m/s)	救生舱运行状态	钢丝绳运行状态	搭乘人员状态
0～0.6	平稳	无晃动	舒适

续表

速度区间 / (m/s)	救生舱运行状态	钢丝绳运行状态	搭乘人员状态
0.6～0.8	平稳	轻微晃动	正常
0.8～1.5	轻微震动	较大晃动	不适
1.5～2	较大震动	剧烈晃动	

以 0.8m/s 速度节点为研究对象，绘制了救生舱下放启动过程中，时间-深度曲线，如图 7.16 所示。曲线大体可分为两段，0～1s 内为近似匀加速过程，1s 后为近似匀速过程（加速度为 0），加速启动过程中加速度约为 0.8m/s²，触底过程与启动过程类似。参考 GB/T 10058—2007 标准，电梯缓冲器作用期间的平均减速度应≤1g（g 为重力加速度），2.5g 以上的减速度时间应≤0.04s，故在日常生活中，人员短期可承受加速度应不低于 9.8m/s²。通过以上对比表明：救生舱下放提升过程中，加速度远小于人员短期可承受值，可保证救生舱运行的平稳性和被救人员的安全。

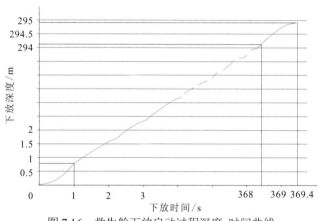

图 7.16　救生舱下放启动过程深度-时间曲线

试验中提升设备运行稳定，救援卷扬制动可靠；救生舱运行平稳，舱体强度设计合理；视频帧率持续在 23～30 帧/s 之间，清晰度较高，音频无间断和延迟，气体浓度及环境参数显示正常。试验表明：该套装备适用救援钻孔直径为 Φ580～630mm，能够满足 300m 深度范围井下被困人员的快速救援提升需要。救援卷扬排绳量 1000m（总重量约 2t），吊臂起重能力 12t，卷扬额定提升能力 5t，均远大于钢丝绳重量与救生舱重量之和（2.7t）；同时，试验孔深 293m，但通信系统信号通过整根钢丝绳传输，故可满足 1000m 救援提升。

第8章 矿山地面大直径钻孔典型工程实例

中煤科工集团西安研究院有限公司在矿山地面大直径孔钻进技术装备方面进行了大量的研究实践工作，所研制的车载钻机与配套装备已在十多个矿山地面大直径孔工程项目中得到应用。本章选取列举了国内外 6 个具有代表性的工程实例，分别介绍矿山地面大直径孔钻进技术装备的应用情况，以供行业相关技术人员、施工管理人员借鉴和参考。

8.1 山西王家岭煤矿特大透水事故救援钻孔

在以往煤矿透水事故应急救援中，多采用单一的井下抽排水救援方法，有时巷道水位下降速度较慢，效果不明显，往往会延误最佳井下救援时间。因此，在井下抽排水的同时，利用先进的钻探技术施工地面垂直钻孔，快速建立通风、通信、给养等的输送通道，以维持井下被困人员的生命体征，可提高救人成功率，是一种经实践证明有效的技术途径（吴杨云，2013；袁新文和袁钧，2017）。

下面以山西王家岭煤矿特大透水事故救援为例，介绍透水事故发生的经过、地面钻孔的布置思路、钻孔定位方法及孔身结构设计原则，重点介绍 2#钻孔施工采用的钻进技术与装备、钻孔施工效果，总结 2#钻孔在整个救援中所发挥的通风、通信、输送营养液三大重要作用。

8.1.1 透水事故的发生及救援决策

1. 事故发生经过

2010 年 3 月 28 日，首采工作面 20101 回风顺槽掘进工作面施工至距辅助运输大巷约 790m 处时，在 10 时 30 分左右当班工人发现迎头后方 7~8m 之间的巷道右帮（北侧）有水渗出，估计总出水量约 2~3m³/h；约 11 时 25 分，发现水流有明显增大，水很清；13 时 15 分，突然听到风筒接口处有异常响声，发现迎面空气中的煤尘增大，前方 2~3m 处有约 20cm 高的水流向外流出；约 13 时 40 分，发现 20101 工作面回风巷与总回风巷的联络巷口已被水淹没，水不断向外涌出。至此，因掘进导通采空区积水，致使+582m 标高以下的巷道被淹，当时井下共 261 人，升井 108 人，有 153 人被困井下。

2. 救援决策

事故发生后，救援现场指挥部做出三项决策：①抽水救人：以最大努力调集设备，以最快速度安装，以最大能力排水；②通风救人：向井下强压通风，全力为井下被困人员提供所需生存条件；③科学救人：成立专家组，讨论形成最快速度、最有效方法的施救方案，同时要防止瓦斯、塌方等次生事故的发生。

3. 排水救援面临的困境及对策

救援现场指挥部从各地共组织调运了 109 台水泵到现场排水或备用，共调集排水管路27853m，电缆 21813m，开关 118 台，总排水量能力约 $31.5 \times 10^4 m^3/h$。但从 3 月 28 日到 3 月 31 日，连续井下排水仅使井口水位下降 0.18m，救援人员无法下井施救，救援工作进展严重受阻。

针对井下涌水量大，井口水位下降速度慢的实际情况，救援现场指挥部经专家组论讨论证后，决定采用地面垂直钻孔方法救援。在积水巷道对应的地面上快速完成两个钻孔，1#钻孔作为地面抽排水钻孔，加快排水速度，2#钻孔布置在被困人员可能聚集的辅助运输巷道积水最浅处，作为生命通道孔。1#、2#钻孔布置如图 8.1 所示。

8.1.2　王家岭煤矿井田概况

王家岭煤矿井田面积约 177km²，地质储量 233.42 亿吨，其中可采储量 10.36 亿吨，煤种为中灰、低硫、特低磷的优质瘦煤，是优质炼焦配煤。矿井建设规模为 600 万吨/年，后期扩建到 800 万吨/年。批准开采 2#和 10#煤层，采用平硐开拓。首采的 2#煤层平均厚度 6.2m，10#煤层平均厚度 2.34m。

井田地质构造总体上为向西和西北倾斜的单斜构造，并伴有小型褶曲，地层走向大致北东，倾角平缓，一般小于 10°；在井田的西南部为一挠曲带，地层倾角为 20°左右，区内构造较简单，落差大于 20m 的断层共 5 条；井田内主要含水层自下而上为：中奥陶系石灰岩岩溶裂隙含水层，太原组（k_2、k_3、k_4）岩溶裂隙含水层，下石盒子组（k_9、k_8）砂岩裂隙含水层，上石盒子组底部（k_{10}）砂岩裂隙含水层，第四系松散砂砾孔隙含水层。

本区域小煤窑开采历史长远，以开采 2#煤层为主，主要分布于埋藏较浅的井田南部，经多次勘探和调查了解，查出的老窑有 114 个，采深一般在 100~300m，多因运输困难，通风不良或巷道积水等原因被迫停产。这些小煤窑大多数没有正规图纸，也很少有资料留存，个别留存资料的真实性也无法验证，给王家岭煤矿开采带来重大安全隐患。

8.1.3　地面垂直救援钻孔施工

1. 钻孔布置思路

通过资料分析，1#钻孔确定在井底东西向上山巷道（积水巷道）最低点，2#钻孔选择在辅助运输大巷掘进头附近的中心线上。2#钻孔选择此处的考虑因素包括：一是预计此处积水深度较浅，积水与巷道顶部可能会留有 3m 多的空间；二是事发前该巷道有多个作业点，可能有很多被困人员在此工作；三是该巷道多个作业点的位置距透水地点较远，井下被困人员在发现透水后，很有可能向此方向聚集逃生。在图纸上确定孔位后，立即在地面上确定了救援钻孔的具体位置。

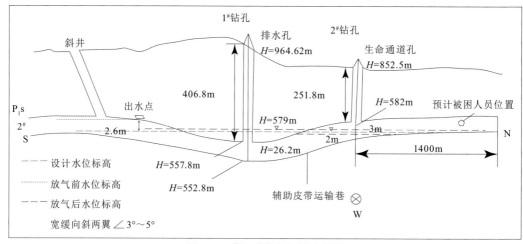

图 8.1　1#和 2#钻孔布置示意图

2. 钻孔孔身结构及施工方法

以 2#生命通道钻孔为例进行介绍。

1）地层概况

钻遇地层由老至新依次为：

（1）山西组（P_1s）

区内主要含煤地层之一，层底深度 256.49m，平均厚度 40.99m。主要岩性为细砂岩、粉砂岩夹细砂岩，颜色为灰—深灰色。2#煤层为区内稳定的主采煤层。

（2）下石盒子组（P_1x）

层底深度 215.50m，平均厚度 89.28m。k_8 中砂岩与下伏山西组地层整合接触，连续沉积。上部以粉砂、细砂岩为主，夹粉砂岩；下部以中砂岩、粉砂岩为主，夹泥岩、砂质泥岩。

（3）上石盒子组（P_2s）

层底深度 126.22m，揭露平均厚度 99.52m。底部 k_{10} 砂岩与下伏下石盒子组地层呈整合接触，主要为粉砂岩、细砂岩和中砂岩。

（4）第四系（Q_4）

层底深度 26.70m，平均厚度 26.70m，主要为黄土。

2）孔身结构

根据 2#生命通道钻孔的特殊性，为争取时间，快速打通巷道，结合矿井地质岩层情况，钻孔孔身结构如图 8.2 所示。

①一开采用 Φ311.2mm 钻头钻进，钻穿第四系进入基岩风化带 10m 后，下入 Φ244.5mm

图 8.5　旋挖钻机挖出溶洞中的泥　　　　　图 8.6　施工中的 RB T90 钻机

三开透巷段采用 Φ565mm 牙轮钻头，先后以空气泡沫正循环、泥浆气举反循环、空气反循环等钻进工艺施工至 215m 深度，发现未与巷道直接贯通，继续钻至 228.5m，进入目标巷道侧帮（后经验证与巷道相差 0.8m，由被困人员井下挖掘连通钻孔）。下入三开 Φ508×12mm 钢管至 208m，采用现场制作的 Φ460mm 通井工具清理裸眼段残留岩屑（唐永志等，2018）。

3. 关键钻进工艺

将大直径潜孔锤反循环钻进工艺应用于 5# 大直径救援孔二开基岩段的钻进过程中，是大直径救援孔能够实现较高效钻进的关键。所配套的大直径反循环空气潜孔锤是由常规大直径潜孔锤、正反循环转换接头、多层橡胶密封器、双壁扶正器等组成。图 8.7 所示为常规大直径空气潜孔锤及正反循环转换接头，图 8.8 所示为多层橡胶密封器及双壁扶正器。

图 8.7　空气潜孔锤及正反循环转换接头　　　　图 8.8　橡胶圈密封器及双壁扶正器

大直径潜孔锤反循环钻进采用的钻具组合为：Φ710mm 大直径潜孔锤+正反循环转换接头+多层橡胶密封器+双壁扶正器+Φ219/150mm 双壁钻杆。为了提高保直效果，在密封器上连接 4 个 Φ680mm 双壁扶正器，长度 6m 左右。

钻进时，控制注气量 50～65m³/min、转速 10～15r/min、注气压力 1.5～1.6MPa，同时

通过注气管路注入清水及润滑油，注入量 60L/min 左右。在实钻过程中，反循环排渣效果良好（图 8.9），机械钻速 2.0～5.0m/h。

图 8.9　反循环排渣照片

4. 埋钻事故处理

钻进至孔深 170m 时发现钻具不能上下活动，也不能转动，但反循环通道顺畅。起初判断认为是由于钻进至石膏地层后缩径导致的卡钻事故，卡点位于孔底。随即进行强提、强转处理，经过一段时间后仍未见孔内钻具有任何松动迹象，遂停止了此种处理方法。

为了判断事故确切原因与类型，首先下入摄像头观测孔底情况，将摄像头下至 92m 处遇水，无法看清孔内情况，由此可知，孔内水面深度 92m，孔底水柱高已近 80m。其次，在注气管路内停止注入清水，仅注入压缩空气，发现返渣口的流体中含水量逐渐变少，最后完全成为纯空气流体。这表明橡胶密封器上部积有淤积物，将孔内水柱与孔底空间隔绝，且将钻具完全抱死，可判定本次孔内事故为埋钻事故。为探明淤积物顶部位置，下入系有铁锥的测绳，探至 120m 见底，说明孔底淤积物高度 50m 左右。

处理该埋钻事故所采取的措施：①空气正循环强冲处理。将返渣口封堵，改反循环为正循环，尝试将上部淤积物冲开形成裂缝，逐渐循环排出淤积物直至解堵，但该方案未能达到预期效果；②气举抽吸环空淤积物。从钻孔环空下入底部相连通的 Φ73mm 油管和 Φ25.4mm 胶管；向孔内注入清水使液面稳定在一定高度，以确保沉没比大于 80%；从胶管内注入压缩空气，压缩空气沿胶管下行进入油管内，携带油管内清水返出至孔外；由于油管内为充气清水液体，比油管外清水密度低，油管内外形成压差，底部淤积物被抽吸进入油管与气水混合物相混合后返出孔外，如图 8.10 所示。同时，在钻孔环空内下入 Φ50mm 钻杆至淤积物上部一定距离处，由泥浆泵向该钻杆泵入高压水，不断冲击淤积物以利于更好更快的清理淤积物。采用上述气举抽吸环空淤积物的方法不断将环空淤积物抽排至一定程度后，再次利用钻机活动钻具，完成了本次孔内埋钻事故的处理。

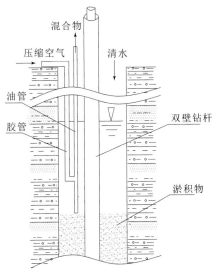

图 8.10　气举抽吸淤积物原理示意图

埋钻事故处理完成后，提出孔内 Φ219/150mm 双壁钻具，下入 Φ610×12mm 钢管至孔深 170m。

8.3　智利铜矿坍塌事故地面救援钻孔

2010 年 8 月 5 日，智利北部圣何塞铜矿在距井口 510m 处发生井巷坍塌，33 名矿工被困井下。事故发生后，3 支矿山救护队通过矿井通风井进入井下救援，由于 8 月 7 日再次发生大面积垮塌，被迫撤出。随即智利政府迅速组织各专业救援队伍实施地面钻孔救援。经过智利政府 69 天的艰苦营救，被困矿工陆续搭载"凤凰"号救生舱返回地面，全部获救（谢来等，2010；石长岩，2011）。

8.3.1　地面钻孔救援概况

地面钻孔救援经历了两个阶段（王志坚，2011）。

第一阶段施工了孔径 Φ108mm、Φ120mm 和 Φ146mm 等多个地面小直径钻孔，主要用于探查矿井环境和被困人员情况。在此阶段，9 台车载钻机同时施工作业，先后成功完成 4 口与被困人员所在巷道连通的小直径钻孔，利用小直径钻孔建立了与被困人员的视频通信联系，并投送所需食物、药品及其他生活必需品。

第二阶段施工地面大直径钻孔，主要用于下放救生舱，提升被困人员。在确定被困人员位置后，制定了 3 套地面大直径钻孔的实施方案。3 个地面大直径钻孔的现场布置如图 8.11 所示，实施的基本情况见表 8.3。方案 A 利用澳大利亚生产的 Strata 950 型钻机，首先施工 Φ110mm 导向孔，再扩孔扩至 Φ700mm，设计孔深为 700m，计划 4 个月完成。该套方案在实施过程中，因钻遇地质破碎带，需不断处理钻孔坍塌，始终未能达到设计孔深。方案 B 采用美国生产的雪姆 T130XD 型车载钻机，在已有的小直径钻孔基础上，经两次扩孔扩至

Φ710mm，设计孔深 625m，计划 2 个月完成。在实施过程中，到达一定深度后将 Φ710mm 钻头更换为 Φ660mm 钻头继续扩孔，实际施工耗费时间 42 天，最终利用该通道下入救生舱将被困人员成功提升救出。方案 C 利用海上石油开采 RIG 422 钻机，首先施工 Φ146mm 导向孔，然后一次性扩孔扩至 900mm，设计孔深 597m。该套方案所用设备功率大、占地面积大，钻机在实施过程中日进尺可达 40m，从 9 月 20 日开钻，至 10 月 12 日停钻，孔深已达 512m。

图 8.11 地面大直径钻孔现场布置

表 8.3 地面大直径钻孔实施基本情况

方案	钻机	施工开始日期	钻孔倾角	设计孔深	施工方法	备注
A	Strata 950 型钻机	8 月 30 日	90°	702m	先施工小直径钻孔，一次扩孔成孔	
B	雪姆 T130XD 型车载钻机	9 月 5 日	82°	624m	在已有小直径钻孔上经两次扩孔成孔	10 月 9 日完成扩孔施工
C	RIG 422 石油钻机	9 月 20 日	85°	597m	先施工小直径钻孔，一次扩孔成孔	

8.3.2 地面大直径钻孔施工

圣何塞铜矿处于干旱的沙漠地区，地层富水性差、不含有毒有害气体，金属矿地层结构致密坚硬。下面介绍救援方案 B 中地面大直径钻孔的施工方法。

1. 主要设备和钻具

方案 B 所投入的主要设备与钻具见表 8.4。

表 8.4　主要设备与钻具

序号	机械名称	规格型号	数量	备注
1	钻机	美国雪姆 T130XD	1 台	提升能力：591kN 最大扭矩：12kN·m 给进力：145kN 最大开孔直径：711mm
2	双壁钻具	Φ175/100mm，6m/根	1 套	
3	空压机	额定风量：38m³/min 额定风量：32m³/min	各 1 台	
4	扩孔潜孔锤	Φ305/100mm	1 个	
5	集束式潜孔锤	Φ710/305mm Φ660/305mm	各 1 个	扩孔用

　　雪姆 T130XD 车载钻机现场照片如图 8.12 所示，Φ710/305mm 集束式潜孔锤实物照片如图 8.13 所示。

图 8.12　雪姆 T130XD 车载钻机施工现场　　　　　图 8.13　集束式潜孔锤实物照片

2. 主要施工方法

　　该地面大直径钻孔施工在已有小直径钻孔基础上，先扩孔至 Φ305mm，二次扩孔时，采用了两种规格的扩孔钻头，钻孔上部扩至 Φ710mm，钻孔下部扩至 Φ660mm。

　　第一次扩孔施工从 9 月 5 日开始至 9 月 17 日结束，共 13 天，采用的钻具组合为 Φ305/100mm 扩孔潜孔锤+Φ175/100mm 双壁钻杆。扩孔至 268m 深度时，钻遇巷道支护金属支架，发生钻头掉落事故，现场制作打捞工具打捞出孔内掉落的钻头后（图 8.14），继续进行扩孔直至穿透巷道（图 8.15）。

图8.14 打捞出的部分钻头

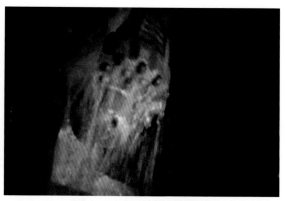

图8.15 穿透巷道瞬间照片

第二次扩孔从 9 月 19 日开始至 10 月 9 日结束，共 20 天，钻孔上部施工采用的钻具组合为：Φ710/305mm 扩孔潜孔锤+Φ175/100mm 双壁钻杆；钻孔下部施工采用的钻具组合为：Φ660/305mm 扩孔潜孔锤+Φ175/100mm 双壁钻杆。

第二次扩孔施工为下排渣法扩孔工艺（图 8.16），即孔底岩屑在重力作用下，多从下部导孔掉落至巷道，然后由被困人员组织清理。在注入压缩空气时同时注入少量含润滑剂的清水，以减少或消除岩尘。

扩孔钻进结束后，为消除地层破碎带对救援舱安全下放和提升的影响，在该地面大直径钻孔上部孔段下入了 Φ610mm 套管进行护壁。相邻套管间为焊接式连接方式，图 8.17 所示为现场焊接套管。

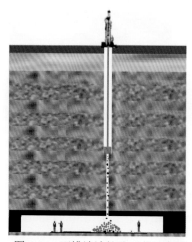

图8.16 下排渣法扩孔工艺示意图

图8.17 套管焊接

8.3.3 人员提升救援

地面大直径钻孔施工完成后，10 月 11 日开始下放"凤凰"号救生舱（图 8.18），开始人员提升救援，至 10 月 14 日上午，随着第 33 名被困矿工成功升井（图 8.19），智利救援行动结束。

图 8.18　救生舱下放　　　　　　　　图 8.19　被困人员出舱照片

8.4　陕西亭南煤业地面大直径电缆孔

8.4.1　工程概况

亭南煤业西部风井 3# 地面大直径电缆孔是由山东能源淄矿集团亭南煤业公司部署的，位于长武县亭口镇柴厂村中塬组，孔深 699.80m。钻孔基本数据见表 8.5。

表 8.5　亭南煤业西部风井 3# 电缆孔基本数据

孔号	3# 电缆孔		用途	电缆孔
地理位置	长武县亭口镇柴厂村中塬组		孔型	垂直钻孔
孔深	设计：699.70m		完钻：699.80m	
海拔	地面	1098.2m		
	透巷点	395.3m		

8.4.2　地层概况

依据西部回风立井井筒检查钻孔揭露地层由老至新依次有：侏罗系中统延安组（J_2y）、直罗组（J_2z）、安定组（J_2a）、白垩系下统宜君组（K_1y）、洛河组（K_1l）、华池组（K_1h）、第四系及新近系黄土层（Q+N）。

①华池组砂层岩含水层：富水性极弱。

②洛河组砂砾岩含水层：抽水试验涌水量 Q=6.003L/s，单位涌水量 q=0.2985L/（s·m），渗透系数 K=0.09783m/d，富水性中等，水质类型 SO_4-Na 型。

③宜君组砾岩弱含水层：抽水试验涌水量 Q=0.062L/s，单位涌水量 q=0.001072L/（s·m），渗透系数 K=0.001633m/d，富水性弱，水质类型 SO_4-Na 型。

④安定组砂泥岩极弱含水层：据井田外围钻孔抽水试验，富水性极弱，可视为煤系与上

覆白垩系含水层之间的稳定隔水层。

⑤直罗组砂泥岩微弱含水层及延安组砂岩含水层：据井田内钻孔抽水试验，直罗组为富水性微弱含水层，水质类型 SO_4-Na 型；富水性弱，水质类型 $Cl·SO_4-Na$ 型。

8.4.3 孔身结构及钻孔轨迹

亭南煤业西部风井 3# 地面大直径电缆孔孔身结构如图 8.20 所示，孔身结构参数见表 8.6。

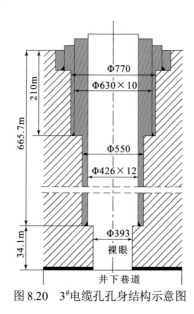

图 8.20 3#电缆孔孔身结构示意图

表 8.6 亭南煤矿风井 3#电缆孔孔身结构表

项目	一开	表层套管	二开	技术套管	三开
钻头外径/mm	Φ770		Φ550		Φ393
孔深/m	210		665.70		699.80
套管规格（外径×壁厚）/mm		Φ630×10		Φ426×12	
套管总长/m		120.47		665.70	
套管下深/m		120.00		664.00	
套管顶端高出地面距离/m		0.47		1.70	
水泥上返深度/m		地面		地面	

主要施工过程如下：

①导向孔钻进。自开钻至孔深 320.51m 采用 Φ311.2mm 牙轮钻头钻进，该孔段主要为表层黄土（厚度 216m）和砂岩地层；自孔深 320.51m 至孔深 665.70m 采用 Φ215.9mm PDC 钻头钻进。

②一开扩孔。一开扩孔钻进分别用 Φ550mm、Φ710mm、Φ770mm 扩孔钻头三次扩孔，

一开扩孔至孔深 210m。

③二开扩孔。二开扩孔钻进分别用 Φ393mm、Φ550mm 扩孔钻头二次扩孔，二开扩孔至孔深 665.70m。

④三开钻进。首先采用 Φ311.2mm 牙轮钻头钻至 688.71m，换 Φ393mm 牙轮钻头沿先导孔轨迹扩孔，实际透巷点偏离横距 0.48m，纵距 0.76m，靶心距 0.9m，实现了一次性精准透巷，达到了设计要求。

图 8.21 所示为 3#电缆孔轨迹水平投影图，图 8.22 为井下透巷现场照片。

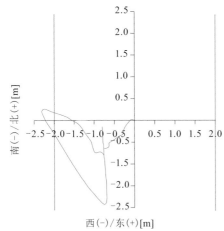

图 8.21　钻孔轨迹水平投影图

图 8.22　透巷瞬间照片

8.4.4　主要设备及钻具

亭南煤业西部风井 3#地面大直径电缆孔施工用主要设备、仪器和钻具见表 8.7。

表 8.7　3#电缆孔施工用主要设备、仪器和钻具

序号		名称	型号	规格	数量	备注
设备	1	钻机	西安 ZMK5530TZJ60	750kW	1	提升能力：60T； 最大扭矩：12kN·m
			雪姆 T200XD	567kW	1	提升能力：907kN；最大扭矩：24kN·m；给进力：145kN
	2	泥浆泵	F-500	373kW	1	额定工作压力：26.7MPa； 最大排量：20L/s
			QZ3NB-1000	746kW	1	额定工作压力：16.4MPa； 最大排量：32L/s
	3	发电机组	XG-120GF	120kW	1	
	4	固控系统	9450×2200×2364mm	100kW	1	简易固控
	5	柴油发动机	PZ12V190B	882kW	1	
			PZ8V190B	588kW	1	

续表

	序号	名称	型号	规格	数量	备注
仪器	1	BlackStar 电磁波随钻测量系统	EM-MWD		1	倾角误差±0.5°；方位角误差±1.5°
	2	普利门泥浆脉冲随钻测量系统	MWD		1	倾角误差±0.5°；方位角误差±1.5°
钻具	1	钻 杆	Φ127mm		75 根	
	2	钻铤	Φ165mm		10 根	
			Φ178mm		6 根	
			Φ203mm		8 根	
	3	无磁钻铤	Φ165mm		3 根	
	4	加重钻杆	Φ127mm		12 根	
	5	双壁钻杆	Φ127/70mm		25 根	
	6	单弯螺杆钻具	Φ165mm		2 根	弯角 1.5°
	7	三牙轮钻头	Φ311.2mm		3 个	
			Φ215.9mm		2 个	
	8	PDC 钻头	Φ215.9mm		2 个	
	9	空气潜孔锤	Φ310mm		1 个	
	10	扩孔钻头	Φ393mm		6 个	
			Φ445mm		3 个	
			Φ550mm		9 个	
			Φ710mm		1 个	
			Φ770mm		1 个	

8.4.5 钻孔工艺

钻具组合及钻进参数如下。

1）导向孔

①0～320.51m孔段：Φ311.2mm 钻头+转换接头+Φ165mm 钻铤×3 根+转换接头+Φ127mm 加重钻杆×6 根+Φ127mm 钻杆。

钻进参数：钻压 30～40kN，转速 45～55r/min，泵压 2～3MPa。

②320.51～665.7m 孔段：Φ215.9mm PDC 钻头+Φ165mm 螺杆+转换接头+定向接头+Φ165mm 无磁钻铤×2 根+Φ165mm 钻铤×4 根+转换接头+Φ127mm 加重钻杆×6 根+Φ127mm 钻杆。

钻进参数：钻压 30～40kN，转速 45～55r/min，泵压 3～4MPa。

2）一开扩孔

①0～225.65m 孔段：Φ550/311mm 牙轮扩孔钻头+630×410 接头+Φ127mm 加重钻杆×12 根+Φ127mm 钻杆。

钻进参数：钻压 40～60kN，转速 45～55r/min，泵压 1～2MPa。

②0～215.00m 孔段：Φ710/311mm 牙轮扩孔钻头+转换接头+Φ127mm 加重钻杆×12 根+Φ127mm 钻杆。

钻进参数：钻压 40～60kN，转速 45～55r/min，泵压 1～2MPa。

③0～209.94m 孔段：Φ770mm 牙轮扩孔钻头+转换接头+Φ127mm 加重钻杆×10 根+Φ127mm 钻杆。

钻进参数：钻压 40～60kN，转速 45～55r/min，泵压 1～2MPa。

3）二开扩孔

①330.68～664.70m 孔段：Φ393/215.9mm 牙轮扩孔钻头+转换接头+Φ165mm 钻铤×6 根+转换接头+Φ127mm 加重钻杆×11 根+Φ127mm 钻杆。

钻进参数：钻压 30～50kN，转速 45～55r/min，泵压 3～4MPa。

②225.65～664.70m 孔段：Φ550/311mm 牙轮扩孔钻头+转换接头+Φ165mm 钻铤×5 根+转换接头+Φ127mm 加重钻杆×12 根+Φ127mm 钻杆。

钻进参数：钻压 30～40kN，转速 45～55r/min，泵压 3～4MPa。

4）三开扩孔钻具组合

660.70～699.80m 透巷孔段：Φ393mm 牙轮钻头+转换接头+Φ165mm 钻铤×3 根+转换接头+Φ127mm 加重钻杆×8 根+Φ127mm 钻杆。

钻进参数：钻压 0～20kN，转速 45～55r/min，泵压 2～3MPa。

8.4.6　下套管及固井工艺

1. 二开下套管

二开下套管前先用 Φ550mm 钻头反复通井三次消除缩径卡套管隐患，再用自主设计、加工的通径规下钻通井两次以清除孔壁泥饼，确保套管顺利下至设计孔深。二开 Φ426mm 套管自重达 81t，超出钻机提升能力，因此，采用了提吊浮力法下放套管。下套管过程中控制灌浆量的数据见表 8.8。图 8.23 为下套管现场照片。

表 8.8　下套管注浆量统计表

悬重/t	套管下入深度/m	浮箍回压阀压差/MPa	单次注水体积/m³	累计注水体积/m³
3	38	0.10	4	4
4	50	0.08	6	6
5	101	0.47	2	8
6	161	0.81	4	12
9	173	0.71	3	15

续表

悬重/t	套管下入深度/m	浮箍回压阀压差/MPa	单次注水体积/m³	累计注水体积/m³
11	201	0.78	3	18
13	249	0.98	4	22
18	326	1.27	7	29
19	378	1.60	3	32
21	420	1.82	3	35
22	529	2.61	5	40
22	579	3.00	2	42
23	629	3.30	3	45
26	645	3.37	4	49

图 8.23　现场下套管照片

由于套管直径较大，在后续固井过程中，须采用内插法固井，因此套管底部连接专用浮箍、扶鞋，如图 8.24 所示。

图 8.24　插入嵌装式套管用浮箍浮鞋

套管柱结构：Φ426mm 浮鞋+1 根套管+Φ426mm 插座式浮箍+套管，如图 8.25 所示。

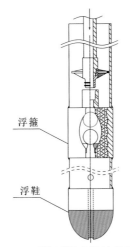

浮箍

浮鞋

图 8.25　浮箍浮鞋套管连接结构

2. 固井工艺

固井所用水泥、水泥浆平均密度、返高、试压等见表 8.9。

表 8.9　固井施工统计

套管	水泥等级	水泥浆平均密度/（g/cm³）	水泥返高	候凝时间/h	打压/MPa	压降/（MPa/30min）
表层套管	G 级	1.61	地面	48	6	0.5
技术套管	G 级	1.64	地面	48	12	0.5

内插法固井工艺利用下部连接有浮箍插头的钻杆插入套管底部浮箍，与环空建立循环，水泥泵车通过钻杆内孔水泥浆。采用该工艺固井可以节省水泥量，提高施工安全性，确保固井质量。

内插法固井工艺流程：

①下放钻具。套管下放至设计位置后下钻，钻具组合：扶正器插头＋Φ127mm 加重钻杆＋Φ127mm 钻杆。

②连接插头。钻杆下至浮箍处加压 20kN，然后小排量开泵，泥浆从环空返出，套管内不返泥浆，证明内插接头密封良好，固井循环通道连通。

③注水泥浆。开泵冲孔，充分循环泥浆，确保循环系统畅通，替完泥浆后，泵送水泥，水泥浆返至地面停注。1min 后上提钻具 1m，套管内无泥浆上返，起钻，候凝。固井主要参数见表 8.10。

表 8.10　内插法固井工艺参数表

水泥规格	灰水比	水泥浆密度/（g/cm³）	水泥返高	注前置液/m³	注水泥浆/m³	替浆量/m³	泵压/MPa
G 级	1∶0.62	1.70	至地面	8	68	6.6	1～5.8

8.5　陕西亭南煤业地面瓦斯管道孔

8.5.1　工程概况

陕西长武亭南煤业地面 2#瓦斯管道孔终孔深 488.00m，套管下深 483.51m，3#瓦斯管道孔终孔深 488.00m，套管下深 482.70m，具体数据见表 8.11。

表 8.11　2#、3#瓦斯管道孔基础数据

孔号	2#	3#
钻孔类型	垂直钻孔	
用途	瓦斯管道孔	
钻孔布置位置	亭南煤业瓦斯抽采站	
孔深	设计：489m	终孔：488.00m
套管规格	Φ630×15mm	
套管下深	设计：489m　实际：483.51m	设计：489m　实际：487.20m
孔底偏移	1.10m	0.90m
闭合方位角	202.88°	85.60°
施工周期	121 天	122 天

8.5.2　地层概况

地面 2#、3#瓦斯管道孔实际钻遇地层见表 8.12。

表 8.12　实钻地层岩性简述表

地层	孔深/m	厚度/m	岩性描述	备注
Q+N	75	75	棕红色黄土、较松散、可塑性差	防斜
K_1	331	256	棕红色砂岩夹砂砾岩，胶结较疏松	防塌
K_2	374	43	紫红色砾岩，砾径大于 10mm，钙质胶结	
J_2a	438	64	棕红色砂岩、泥岩互层	防塌
J_2z	455	17	深灰色砂岩	防塌
J_2y	483	28	砂岩、泥岩互层，煤层	

8.5.3　孔身结构及钻孔轨迹

地面 2#瓦斯管道孔孔身结构如图 8.26 所示。

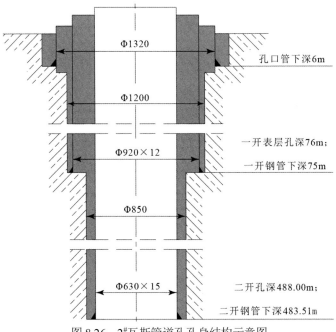

图 8.26 2#瓦斯管道孔孔身结构示意图

主要施工过程如下：

一开钻进：导向孔 Φ311.2mm 牙轮钻头钻进至 76m，进入基岩 1m；分别采用 Φ850mm 牙轮钻头和 Φ1200mm 牙轮钻头扩孔钻进至 76m；下入 Φ920×12mm 螺旋钢管至 75m；固井候凝。

二开钻进：导向孔 Φ222mm PDC 钻头钻进至 484m，进入煤层 1.5m；分别采用 Φ550mm 牙轮钻头和 Φ850mm 牙轮钻头扩孔钻进至 488.00m；下入 Φ630×15mm 无缝钢管；固井候凝，终孔。

地面 2#、3#瓦斯管道孔的钻孔轨迹数据见表 8.13。2#瓦斯管道孔孔底偏移 1.10m，3#瓦斯管道孔孔底偏移 0.90m，均达到工程要求。

表 8.13 2#、3#瓦斯管道孔钻孔轨迹数据

2#			3#		
测深/m	孔斜/（°）	方位/（°）	测深/m	孔斜/（°）	方位/（°）
32.00	0.4	307.7	83.0	1.6	130
72.00	0.2	355.0	125.0	1.0	85
112.64	0.9	283.2	153.0	1.0	110
140.54	0.7	278.3	201.0	0.8	175
169.04	1.0	282.6	229.5	1.1	213
197.37	0.7	278.3	267.5	1.1	160
225.90	0.5	189.8	307.0	1.4	155

2#			3#		
测深/m	孔斜/（°）	方位/（°）	测深/m	孔斜/（°）	方位/（°）
254.01	0.7	159.5	327.0	1.1	90
282.64	0.5	167.2	346.0	1.1	340
311.20	0.8	184.0	365.0	1.3	320
368.44	0.7	96.9	384.0	1.3	320
396.96	0.4	84.6	413.0	1.2	325
433.93	0.4	114.9	462.0	1.7	335
483.00	0.5	102.0	480.0	1.5	340
孔底偏移	1.10m		孔底偏移	0.9m	
闭合方位角	202.88°		闭合方位角	85.60°	

8.5.4 主要设备及钻具

地面 2#、3# 瓦斯管道孔施工用主要设备及钻具见表 8.14。

表 8.14 2#、3# 瓦斯管道孔施工设备机具表

序号	名称	型号	数量	备注
1	钻塔	40.5m 人字形	1 套	承载力 1100kN
2	钻机	ZJ-20	1 套	名义钻深 2000m
3	泥浆泵	3NB-1000	1 套	最大排量 43L/s；额定压力 16MPa
4	钻铤	Φ165mm	54m	
		Φ159mm	34m	
5	钻杆	Φ127mm	450m	
6	钻头	Φ215.9mm	1 只	镶齿型牙轮钻头
		Φ222mm	1 只	PDC
7	扩孔钻头	Φ550mm	3 只	镶齿型牙轮钻头
		Φ850mm	4 只	镶齿、钢齿型牙轮钻头
		Φ1200mm	1 只	钢齿型扩孔钻头
8	巴掌	Φ215.9mm	若干	替换、焊接巴掌
9	螺杆马达	Φ172mm	1 套	定向纠斜钻进
10	测斜仪	JDT-6A 陀螺测斜仪	1 套	
11	泥浆测试仪	PMWD-C	1 套	
12	电焊机		4 台	
13	搅拌机		1 台	

承担的 2012 年度国家安全生产监督管理总局安全科技"四个一批"科研攻关课题——"煤矿快速救援关键技术与装备研发"重要研究内容。

8.6.2　地层概况

坪上矿地面大直径钻孔钻遇地层由老至新依次为：

（1）二叠系下统山西组（P_1s）

区内主要含煤地层之一，层底深度 315.54m，平均厚度 42.09m。k_7 砂岩与下伏太原组整合接触。主要岩性为细粒砂岩、粉砂岩及砂质泥岩、泥岩，颜色为灰—深灰色。$3^\#$煤层为区内稳定的主采煤层。

（2）二叠系下统下石盒子组（P_1x）

层底深度 273.45m，平均厚度 77.25m。k_8 砂岩与下伏山西组地层整合接触，连续沉积。上部以泥岩、砂质泥岩为主，夹粉砂岩；下部以细粒砂岩、粉砂岩为主，夹泥岩、砂质泥岩。

（3）二叠系上统上石盒子组（P_2s）

层底深度 196.20m，揭露平均厚度 159.00m。底部 k_9 砂岩与下伏下石盒子组地层呈整合接触，主要为泥岩、砂质泥岩及细粒砂岩、粉砂岩。

（4）第四系中更新统（Q_2）

层底深度 37.20m，平均厚度 33.38m，主要为红褐色亚黏土，含钙质结核及小砾石，底部为块石，块石大小 10～30cm，磨圆度差，红褐色黏土胶结。

（5）第四系上更新统（Q_3）

平均厚度 3.82m，主要为黄褐色亚黏土，含小砾石，孔隙发育，多植物根系。

8.6.3　孔身结构及钻孔轨迹

坪上矿地面大直径钻孔为三开孔身结构，终孔孔深 295.0m，如图 8.31 所示。

一开：采用机械与人工方式开挖。

二开：Φ215.9mm 导向孔施工至 268m，后采取 Φ311.2/215.9mm、Φ550/311mm、Φ780/550mm 和 Φ900/780mm 四级扩孔钻进至 260.09m，下入 Φ630×12mm 无缝钢管，固井，候凝。

三开：采用 Φ311.2mm 空气潜孔锤透巷后，采用 Φ580/311mm 集束式空气潜孔锤完成扩孔作业。

坪上矿地面大直径钻孔施工的实际钻孔轨迹数据见表 8.19。

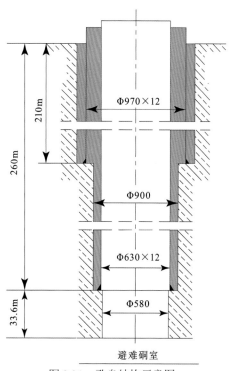

图 8.31　孔身结构示意图

表 8.19 实际钻孔轨迹数据

测深/m	孔斜	方位	垂深/m	南北/m	东西/m	偏移量/m	狗腿度/ (°/100m)
25	3.57	31.83	24.98	0.66	0.41	0.78	14.28
58.35	2.57	33.83	58.29	2.16	1.37	2.56	3.02
68.43	20	31.73	68.36	2.50	1.59	2.97	5.71
77.89	1.90	33.43	77.81	2.77	1.77	3.29	1.22
87.34	1.50	18.83	87.26	3.02	1.89	3.56	6.21
96.82	1.20	13.83	96.74	3.24	1.96	3.78	3.40
106.28	0.80	3.63	106.19	3.40	1.98	3.93	4.61
115.73	0.90	337.93	115.64	3.53	1.96	4.03	4.13
125.1	1.20	320.83	125.01	3.68	1.87	4.11	4.60
134.56	1.20	315.83	134.47	3.82	1.74	4.16	1.11
144.03	1.50	313.63	143.94	3.98	1.58	4.21	3.21
153.55	1.50	306.83	153.45	4.14	1.39	4.24	1.87
163.04	1.20	285.33	162.94	4.24	1.19	4.22	6.15
172.49	1.50	216.33	172.39	4.17	1.03	4.07	16.39
181.88	1.20	261.23	181.78	4.05	0.86	3.88	11.37
191.44	1.20	271.13	191.33	4.04	0.66	3.77	2.17
200.94	1.10	259.93	200.83	4.03	0.47	3.65	2.58
210.46	1.10	226.83	210.35	3.95	0.31	3.50	6.58
219.96	1.10	215.63	219.85	3.81	0.19	3.33	2.26
229.51	1.40	216.33	229.40	3.64	0.07	3.12	3.15
239.01	1.30	218.13	238.89	3.47	-0.07	2.89	1.14
248.51	1.10	221.13	248.39	3.31	-0.19	2.70	2.21
258.01	1.10	221.13	257.89	3.17	-0.31	2.52	0.00
267.51	1.10	221.13	267.39	3.04	-0.43	2.34	0.00
277.01	1.10	221.13	276.89	2.90	-0.55	2.16	0.00
286.51	1.10	221.13	286.38	2.76	-0.67	1.98	0.00
296.01	1.10	221.13	295.88	2.63	-0.79	1.80	0.00

8.6.4 主要设备及钻具

坪上矿地面大直径钻孔施工采用的设备及钻具见表 8.20 和表 8.21。

表 8.20　施工用主要设备与仪器

设备名称	规格型号	额定功率/kW	数量/台	备注
车载钻机	ZMK5530TZJ60(A)	563	1	动力头最大扭矩：30kN·m；最大提升力：600kN
泥浆泵组	F500	373	1	额定工作压力：26.7MPa；最大排量：28L/s
空压机	XRXS1275/1350	429	1	35.5m³/min，3MPa
	寿力 1150XH900XHH	403	1	32m³/min，3MPa
空气潜孔锤	TOPDRILL DHD380	—	1	配 Φ311.2mm 钻头 2 个
	集束式空气潜孔锤	—	1	Φ710/311mm
	集束式空气潜孔锤	—	1	Φ580/311mm
孔口密封装置	—	—	1	适用于 Φ127mm 斜坡钻杆
固控系统	—	175	1	9450×2200×2364mm
工具房	4m×2m×2.3m	—	2	
测斜仪	RMRS 测斜仪器	—	1	
	电子单多点仪器	—	1	
	MWD	—	1	倾角误差±0.5°；方位角误差±1.5°
泥浆测试仪	四件套	—	1	

表 8.21　主要钻具表

序号	名称	规格	数量	备注
1	钻杆	Φ127mm	300m	18°斜坡钻杆
2	无磁钻铤	Φ165mm	8.82m	
3	短钻铤	Φ165mm	84m	
		Φ178mm	36m	
4	加重钻杆	Φ127mm	56m	
5	双壁钻杆	Φ127/70mm	200m	
		Φ178/113mm	300m	
6	减震短接	Φ165mm	1 根	
7	螺杆钻具	Φ165mm	1 根	弯角 1.5°
8	PDC 钻头	Φ215.9mm	1 个	
9	扩孔钻头	Φ311.2/215.9mm	1 个	
		Φ550/311.2mm	1 个	
		Φ780/550mm	1 个	
		Φ900/780mm	1 个	

8.6.5　钻进工艺

1. 开孔施工工艺

该孔位处表层为虚土垫方，约 15m 厚，无法使用泥浆循环介质，因此，采取挖机开挖及人工开挖相结合的方式，上部 7m 采取挖机开挖，开挖面积 5m×5m，放坡开挖。下部人工开挖，边开挖边支护，开挖约 Φ3000mm 的圆孔，深至 30m，然后下入 Φ970mm 套管，填埋处理后，浇筑混凝土。

2. 二开钻孔施工工艺

二开钻进前，先下入 Φ351×10mm 导管，气举排液。

1）二开导向孔施工工艺

在 30～91.51m 孔段，采用 Φ311.2mm 空气潜孔锤正循环钻进工艺，每根钻铤钻进结束后进行测斜，以监测实钻轨迹。

①钻具组合：Φ311.2mm 空气潜孔锤+630×410 双母接头+Φ165mm 无磁钻铤+Φ165mm 钻铤+Φ127mm 钻杆。

②钻进参数：钻压 20～30kN，动力头转速 25～36r/min，风量 60～90m³/min，风压 1.1～2.1MPa，注水量＜30L/min，注水压力 1.6MPa。

Φ311.2mm 空气潜孔锤钻进至 91.51m 后，因孔斜偏差较大，随后更换为 Φ215.9mm PDC 钻头进行定向纠斜钻进。钻进至 268m 后，采用 Φ311.2/215.9mm 扩孔钻头扩孔至 265.74m。

③钻具组合：Φ215.9mm PDC 钻头+430×4A10 双母接头+1.5°弯角螺杆钻具+4A11×410 接头+Φ165mm 无磁钻铤+Φ165mm 钻铤+Φ127mm 钻杆

④钻进参数：钻压 30～50kN，动力头转速 60～80r/min，泵量 15～18L/s。

2）二开扩孔施工工艺

先采用 Φ710/311mm 集束式空气潜孔锤反循环扩孔钻进。

①反循环扩孔钻具组合：Φ710/311mm 集束式空气潜孔锤+Φ127/70mm 双壁钻杆+气盒子。

②钻进参数：钻压 30～50kN，转速 20r/min，注入风量 60～70m³/min。

Φ710mm/311mm 集束式空气潜孔锤反循环扩孔钻进至 82.2m 后，钻遇泥岩地层，且出水较大，集束式空气潜孔锤钻进效率低，改换泥浆介质扩孔钻进，Φ550/311mm 扩孔钻头钻进至 266.39m，Φ780/550mm 扩孔钻头钻进至 265m，Φ900/780mm 扩孔钻头钻进至 260.09m 处，完钻。

①逐级扩孔钻具组合：

Φ550/311mm 扩孔钻头+双母接头+Φ165mm 钻铤+转换接头+Φ127mm 钻杆；

Φ780/550mm 扩孔钻头+双母接头+Φ165mm 钻铤+转换接头+Φ127mm 钻杆；

Φ900/780mm 扩孔钻头+双母接头+Φ165mm 钻铤+转换接头+Φ127mm 钻杆。

②钻进参数：钻压 80～100kN，转速 40r/min，泵量 24L/s。

3. 三开裸眼段施工

在 260～295m 孔段施工过程中，首先采用 Φ311.2mm 空气潜孔锤反循环钻进工艺，随后采用 Φ580/ 311mm 集束式空气潜孔锤反循环扩孔钻进。

①钻具组合：

Φ311.2mm 空气潜孔锤+孔底密封器+Φ178/113mm 双壁钻杆+气盒子；

Φ580/ 311mm 集束式空气潜孔锤+双母接头+Φ178/113mm 双壁钻杆+气盒子。

②钻进参数：钻压 30～50kN，转速 20r/min，注入风量 30m³/min。

8.6.6　下套管及固井

1. 下套管

坪上矿地面大直径钻孔下套管数据见表 8.22。

表 8.22　下套管数据表

序号	孔段	钢级	套管外径/mm	套管壁厚/mm	下深/m	高出地面/m
1	一开	Q235B	970	10	26.00m	0.1
2	二开	Q235B	630	12	260.27	0.3
3	三开			裸眼		

1）套管入孔顺序

二开 Φ630mm 套管是以提吊浮力法下入的。由于套管浮力大于自重，为保证套管顺利下入，要求从入孔第一根套管起开始灌浆。浮鞋与入孔第一根套管以焊接方式相连接。

2）回灌泥浆量

为确保提吊浮力法下套管过程安全，现场通过往套管内灌浆方式保证套管下放过程悬重在 20t 左右，既实现套管顺利下入，也不会增加吊车的作业难度。下套管过程中的灌浆量控制见表 8.23。

2. 固井

坪上矿地面大直径钻孔一开采取人工开挖方式，下入 Φ970mm 套管 26.5m，浇筑混凝土固井；二开下入 Φ630mm 套管+扶鞋，采用石油固井车固井，水泥型号 G 级，水泥浆平均密度 1.8g/cm³，返至孔口，完成固井；三开裸眼完井，见表 8.24。

表 8.23　提吊浮力法下套管过程中的灌浆量及套管悬重

下入次序	单根长度/m	累长/m	套管自重/N	单次灌浆量	悬重/kN
1	11.15	11.15	19974.2	3.1	19
2	9.05	20.2	36186.5	2.6	1
3	9.85	30.05	53831.9	2.8	13

续表

下入次序	单根长度/m	累长/m	套管自重/N	单次灌浆量	悬重/kN
4	10.69	40.74	72982.0	3.1	27
5	20.19	60.93	109150.6	5.8	27
6	20.13	81.06	145211.7	5.8	58
7	22.03	103.09	184676.5	6.4	86
8	20.32	123.41	221077.9	5.9	122
9	20.17	143.58	257210.6	5.8	154
10	22.09	165.67	296782.9	6.4	181
11	20.27	185.94	333094.8	5.8	218
12	20.33	206.27	369514.1	2.6	249
13	20.12	226.39	405557.3	—	214
14	20.42	246.81	442137.9	—	179
15	20.12	266.93	478181.1	—	144

表 8.24　固井数据一览表

序号	孔段	水泥规格	水泥浆平均密度/（g/cm³）	水泥浆返高	备注
1	一开	—	—	—	未固井，孔口浇筑混凝土
2	二开	G	1.80	地面	固井车固井
3	三开	—	—	—	裸眼

第9章 煤矿井下大直径钻孔成孔技术与装备

煤矿井下大直径钻孔对坑道钻进装备和钻孔施工方法均提出了更高的新要求，尤其是配套钻机能力、钻具类型及在排渣方式和成孔方法等方面均显著区别于常规煤矿井下钻孔，因此，目前习惯将终孔直径达到 200mm 及以上的钻孔称为煤矿井下大直径钻孔。主要用于替代井下巷道掘进工程，以达到降本增效的目的。近年来，我国煤矿生产对井下大直径钻孔的需求量日益增加，对大直径钻孔的钻进深度和终孔直径也提出了越来越高的要求。

在市场需求的推动下，基于煤矿井下常规坑道钻探工艺及装备，煤矿井下大直径钻孔成孔工艺及配套装备发展迅速，相应技术水平逐步提高。本章将对该煤矿井下大直径钻孔成孔技术及装备进行重点介绍。

9.1 煤矿井下大直径钻孔成孔方法

煤矿井下大直径钻孔通常要求与目标巷道贯通，为了降低施工风险、保证钻孔质量，一般需要先施工导向孔与目标巷道贯通，然后沿导向孔进行扩孔。

9.1.1 导向孔钻进

导向孔是否能够成功与目标巷道靶区精确贯通是煤矿井下大直径钻孔成孔的关键。煤矿井下大直径钻孔一般设计成直孔类型，因此，导向孔施工过程中的关键是实现保直钻进。

在近水平钻孔施工中，由于孔壁与钻具之间存在较大间隙，钻具在重力、扭矩、钻压及离心力等共同作用下发生弯曲变形，在地层各向异性及软硬互层、孔内沉渣对钻具推靠等影响下，钻孔轨迹容易发生偏斜。因此，导向孔施工主要从钻头结构、组合钻具和钻进工艺等三个方面控制实现保直钻进。

1. 钻头结构

导向孔施工一般选用内凹式 PDC 钻头，典型结构如图 9.1 所示。内凹式 PDC 钻头的外、内切削齿结构特征，可保证在钻进过程中外切削齿间始终保留有一小段岩心柱，在该岩心柱的导向作用下钻头沿直线钻进，从而确保钻孔轨迹不易发生偏斜；另一方面，内凹式结构钻头一般采用较宽的翼片，有利于提高钻头的稳定性，具有一定防斜作用。

在山西天地王坡煤矿煤层钻进中，采用了常规非内凹刮刀式 PDC 钻头和内凹式 PDC 钻头两种钻头，图 9.2 所示为两种不同类型钻头的实钻轨迹对比曲线图，可以看出，内凹式 PDC 钻头保直效果明显优于常规非内凹刮刀式 PDC 钻头。

图 9.1　内凹式 PDC 钻头

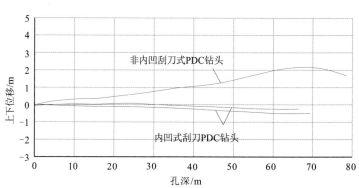

图 9.2　两种不同类型钻头实钻轨迹对比曲线

煤矿井下大直径钻孔导向孔施工用内凹式 PDC 钻头规格主要有 Φ94mm、Φ113mm、Φ133mm 和 Φ153mm 等几种规格。

2. 钻具

在稳定、完整地层条件下，60m 以浅钻孔可直接将钻杆与钻头连接进行导向孔施工，施工钻具、钻头级配见表 9.1。

表 9.1　导向孔施工钻具、钻头级配表

钻杆外径/mm	钻头外径/mm
73	94
89	113~133
108	133~153
127	153

在 60m 以深钻孔，或松软、破碎、软硬互层等复杂地层条件下，往往需采用 3~4 个与钻孔直径接近的扶正器通过短钻具相连形成保直组合钻具的方法防止钻孔偏斜，保直组合钻具结构如图 9.3 所示。保直组合钻具原理是通过合理布置扶正器增大孔底钻具刚度，使孔底钻具在钻压、重力作用下始终保持钻具在孔内居中，确保钻头不易出现侧向切削现象，从而达到防斜保直的效果。

图 9.3　组合保直组合钻具结构示意图

1.内凹钻头；2.短钻杆；3.扶正器；4.常规钻杆

3. 钻进工艺

在导向孔开孔施工过程中，应采用低钻压、低泵量、低转速的规程参数，避免开孔时发生偏斜。在正常钻进时，防斜的关键是防止孔内沉渣造成钻具偏斜、钻压过大导致孔底钻具严重弯曲而造成钻头偏斜、转速过高导致钻头外出刃向下切削孔壁造成钻孔偏斜。一般情况下，导向孔施工时转速为 60~100r/min，环空泥浆（清水）返出流速不小于 1m/s。

9.1.2 扩孔钻进

根据不同地层条件，煤矿井下大直径钻孔扩孔工艺分为回转扩孔和冲击回转扩孔。综合考虑煤矿井下大直径钻孔结构特点、装备能力、钻进效率，一般情况下，回转扩孔工艺适用于岩石硬度系数 f 不大于 4 的地层，冲击回转扩孔工艺适用于岩石硬度系数 f 5 及以上的地层。

1. 回转扩孔

在煤矿井下大直径钻孔施工中，回转扩孔钻进工艺配套钻具结构如图 9.4 所示。在回转扩孔过程中，钻机通过螺旋钻杆带动孔底扩孔钻头回转钻进，扩孔钻头导向头沿导向孔延伸，引导扩孔钻头实施扩孔钻进，螺旋钻杆在回转过程中将岩屑向孔口输送并排出钻孔。根据煤矿井下大直径钻孔的终孔直径和配套钻进装备能力，确定采用一次扩孔或者多次扩孔的实施方案。煤矿井下大直径钻孔回转扩孔配套钻具、钻头的级配关系见表 9.2。

图 9.4　回转扩孔钻具结构示意图
1.螺旋钻杆；2.扩孔钻头；3.导向头

表 9.2　煤矿井下大直径钻孔回转扩孔钻具、钻头级配表

钻杆			钻头外径/mm
心杆外径/mm	螺旋外径/mm	连接方式	
89	260	插接	300~400
127	400	插接	400~650

2. 冲击回转扩孔

冲击回转扩孔钻进工艺主要应用于煤矿井下中等坚固及以上岩石地层大直径钻孔施工。冲击回转扩孔钻进工艺根据孔底冲击动力工具的不同，分为空气潜孔锤冲击回转扩孔工艺和液动潜孔锤冲击回转扩孔工艺。这里的冲击回转扩孔工艺特指空气潜孔锤冲击回转扩孔工艺。根据结构型式的不同，冲击回转扩孔工具分为单体式空气潜孔锤扩孔钻头和集束式空气潜孔锤扩孔钻头两种。

（1）单体式空气潜孔锤冲击回转扩孔钻进工艺

单体式空气潜孔锤扩孔工艺一般适用于煤矿井下孔径 300mm 及以下大直径钻孔扩孔施工。单体式空气潜孔锤钻具结构如图 9.5 所示，扩孔钻进过程中，高压空气经螺旋钻杆中心通道进入空气潜孔锤，并驱动空气潜孔锤做功，冲击破碎孔底岩石；同时，钻机通过螺旋钻杆带动空气潜孔锤和钻头转动，从而实现冲击回转钻进。孔底岩屑主要由螺旋钻杆旋转排出钻孔。扩孔钻头前端的导向头引导扩孔钻头沿导向孔延展方向钻进。

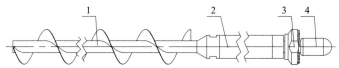

图 9.5　单体式空气潜孔锤冲击回转扩孔钻具结构示意图
1.螺旋钻杆；2.单体式空气潜孔锤；3.扩孔钻头；4.导向头

（2）集束式空气潜孔锤冲击回转扩孔钻进工艺

集束式空气潜孔锤冲击回转扩孔钻进适用于煤矿井下孔径 300mm 及以上大直径钻孔施工。如图 9.6 所示，集束式空气潜孔锤特点是将若干小直径单体空气潜孔锤固定在一起组合形成的孔底碎岩工具。相对单体式空气潜孔锤，它可利用较小的风量完成较大直径的钻孔施工。在集束式空气潜孔锤扩孔钻进过程中，高压空气经螺旋钻杆中心通道进入配气盘，配气盘对每个单体空气潜孔锤供气驱动其做功，分别冲击破碎孔底岩石；同时，钻机通过螺旋钻杆带动集束式空气潜孔锤回转，从而实现冲击回转扩孔钻进。孔底岩屑排出方式及扩孔导向与单体式空气潜孔锤冲击回转扩孔钻进工艺相同。

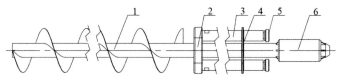

图 9.6　集束式空气潜孔锤冲击回转扩孔钻具结构示意图
1.螺旋钻杆；2.配气盘；3.小直径空气潜孔锤；4.扶正固定环；5.钻头；6.导向头

9.2　大功率钻机与泥浆泵车

煤矿井下大直径钻孔施工装备包括大功率钻机和泥浆泵车。大功率钻机分为分体式和履带式两种类型。泥浆泵车在煤矿井下大直径钻孔施工中的主要作用是向孔内输送清水或泥浆循环介质，同时可以作为液体介质孔底动力钻具的动力源。

9.2.1　分体式大功率钻机

ZDY12000 型分体式大功率钻机（图 9.7）采用两体式结构布局，包括主机和动力泵车两部分。主机由机架、给进装置、回转器、夹持器等组成。动力泵车由主操纵台、履带车体、电机泵组、油箱、行走操纵台等组成。工作时，主机、动力泵车、操纵台等各部分之间通过高压胶管进行连接,操纵台布置于泵车的这一结构特点可使在钻场将泵车放置于远离孔口一定距离的位置,以确保施钻人员的安全。

图 9.7　ZDY12000 型分体式大功率钻机

1. 钻机特点

ZDY12000 型分体式大功率钻机具有多个重要的技术特点,有利于应用于煤矿井下大直径钻孔施工。

①钻机采用主机和动力泵车两体式布局结构,设备成本低、现场布置灵活,动力泵车可短距离牵引移动主机,搬迁方便。

②回转器主轴通孔直径 Φ135mm,回转扭矩大,可配套使用 Φ89mm、Φ108mm、Φ127mm 等多种规格普通钻杆、通缆钻杆、螺旋钻杆和打捞钻具,工艺适应性强。

③操纵台布置在动力泵车尾端,可实现大角度调节或拆卸后灵活布置,以便于观察孔口情况。

④液压系统采用大流量阀控技术,减少了高压溢流损失,具有能耗低、发热量小、系统运转平稳等优点。

2. 钻机参数

ZDY12000 型分体式大功率钻机主要技术参数见表 9.3。

表 9.3　ZDY12000 型分体式大功率钻机技术参数表

部件		名称	参数
主机	回转器	额定扭矩/(N·m)	12000～2200
		额定转速/(r/min)	40～150
		额定压力/MPa	28
		主轴通孔直径/mm	135
	给进装置	机身倾角/(°)	−20～20
		最大给进/起拔力/kN	250
		给进/起拔行程/mm	1000
动力泵车	行走装置	最大行走速度/(km/h)	2
		爬坡能力/(°)	20
	油泵	主油泵额定压力/MPa	31.5
		副油泵额定压力/MPa	21

续表

部件		名称		参数
动力泵车	电动机	额定功率/kW		110
		额定转速/（r/min）		1480
	油箱有效容积/L			370
整机	配套钻杆直径/mm			89/108/127
	质量/kg		主机	3000
			动力泵车	2300
	外形尺寸（长×宽×高)/mm		主机	2960×1650×2100
			动力泵车	2900×1000×1665

3. 钻机主机

（1）回转器

钻机回转器的主要功能是输出扭矩和转速。除了能够通过钻具向孔底钻头传递所需的扭矩和转速外，还可以与其他装置配合，完成钻杆的拧卸。回转器主要有扭矩、转速和主轴通孔直径等三项基本参数。

回转器的最大扭矩即为钻机的最大扭矩。它反映了钻机钻进能力的大小，是钻机的一项重要技术参数。为了适应在不同的地层中钻进，回转器可实现转速的无级调速。除此之外，为了处理孔内事故和拧卸钻杆，还要求回转器具有反转功能。回转器的主轴通孔直径是根据使用的钻杆直径决定的，通常主轴通孔直径比钻杆的外径大 3~5mm，以保障钻杆顺利通过。若使用的钻杆直径比主轴通孔直径小很多，则需要在主轴端部添加扶正套，以导正钻杆使其与主轴中心线基本重合。

液压马达能够为回转器提供转速和扭矩的动力来源。ZDY12000 钻机选用可变量斜轴式轴向柱塞液压马达。马达的正转和反转由其出入口的液流方向控制。传动系统是回转器的核心。根据选用的液压件和大直径钻孔对转速、扭矩的要求，传动系统的减速比 i 取 14.686。为有效控制箱体尺寸，传动比的分配采用"前多后少"的分配原则，将行星减速器设为第一级减速机构，其结构紧凑，传动比大；第二级传动采用一对斜齿轮，其传动啮合性好、重合度大。

对于回转器的防水设计主要是前后端盖采用无骨架油封和 V 型旋转圈配合密封的方式，杜绝了轴向和径向水的浸入；对旋转体（卡盘）加装了保护罩，保护罩的长度覆盖了卡盘和主轴连接部位，在进行上仰孔施工时，起到防水作用。

（2）液压卡盘

液压卡盘是大功率钻机的一个独立的重要部件，采用胶筒式结构型式。液压卡盘安装在回转系统的前端，用于夹紧钻具并向钻具传递扭矩和轴向力。液压卡盘采用常松式工作方式，即工作时处于液压夹紧、弹簧松开，不工作时处于松开状态。胶筒和卡瓦的磨损是胶筒式液压卡盘常见失效类型。胶筒的更换有别于其他部件，需要将卡盘整体拆卸，各部件重新装配。卡瓦的磨损主要是由其不规则的周向串动和轴向滑动所导致。

针对卡盘中胶筒的磨损问题，ZDY12000 钻机优化了胶筒式液压卡盘上卡瓦组件（图9.8）。卡瓦组件由卡瓦、调整挡板和弹簧组成，整体安装在胶筒内。卡瓦前后两侧设置四个方形凹槽，可调整挡板前后两侧的方形凸台。通过卡瓦的凹槽和调整挡板的凸台配合安装，同时卡瓦与调整挡板之间设置了可保证卡瓦灵活移动的配合间隙，且不小于卡盘松开时卡瓦与卡瓦之间的间隙。该结构显著优点是相互限制了对方的周向攒动和轴向滑动；卡盘工作时，调整挡板对卡瓦径向移动起导向作用，可减少卡瓦对胶筒的磨损和啃噬，减少了安装所需的辅助时间，提高系统效率。

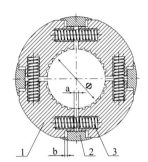

图9.8　胶筒式卡盘用卡瓦组件

a.卡瓦与卡瓦间隙；b.卡瓦与调整挡板间隙；1.卡瓦；2.调整挡板；3.弹簧

4. 动力泵车

动力泵车（图 9.9）是整个钻进系统的动力单元，由油箱、电机泵组、冷却器、履带车体、泵车行走操纵台等部件组成，由履带底盘驱动，可以实现快速搬迁和移位。

油箱、电机泵组、冷却器三部分组成动力泵车的泵站。电动机通过泵座和弹性联轴器带动主、副油泵工作，油泵从油箱吸油并排出高压油，经操纵台的控制和调节使钻机的各执行机构按要求工作。主、副油泵为串联泵，通过泵座与法兰式电机直接连接，梅花型弹性联轴器罩在泵座内，结构紧凑实用，具有传动可靠、结构紧凑的特点。为保障液压系统正常工作，在泵站上还安装有吸油滤油器、回油滤油器、空气滤清器、油温计、液位计等多种附件。冷却器采用三联板翘式冷却器结构，对油液进行强制冷却，这种冷却器结构冷却效果好，有利于提高系统效能。

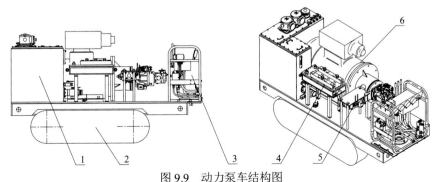

图9.9　动力泵车结构图

1.油箱；2.履带车体；3.主操纵台；4.冷却器；5.行走操纵台；6.电机泵组

5. 主操纵台

主操纵台通过底座安装在动力泵车履带车体后端，底座上带有转盘，主操纵台可实现±30°大幅度的转角调节。主操纵台独立安装，可根据钻场实际情况放置在远离孔口的位置。

钻机回转、给进、起拔、调角等动作的控制和执行机构之间的功能都是通过操纵台上的阀类组合来实现的。主操纵台上设有马达回转、副操纵台供油、给进与起拔、起下钻功能转换、夹持器功能转换，副泵功能转换六个操作手把，溢流阀调压、减压阀调压和给进/起拔节流调压四个调节手轮，以及主泵系统压力表、给进压力表、起拔压力表、副泵系统压力表和回油压力表五块压力表。所有油路控制阀、压力表及其间的连接管路均安装在一个框架内。

9.2.2　履带式大功率钻机

履带式大功率钻机将回转器、夹持器、给进装置、调角装置、电机泵组、油箱、冷却器、操纵台等装置集成布置于可独立行走的履带平台上。目前，已用于煤矿井下大直径钻孔施工的履带式大功率钻机主要有 ZDY6000L 型、ZDY12000LD 型等机型。以 ZDY12000LD 型履带式大功率钻机（图 9.10）为例进行介绍。

图 9.10　ZDY12000LD 型履带式大功率钻机

1. 钻机特点

①采用整体履带式布局，将主机、泵站、操纵台等布置带具有独立行走能力的履带平台上，搬迁方便、现场布置灵活，集成了流量计、急停开关，具有钻进系统的高度集成的特点，便于现场人员操作钻机。

②卡盘和夹持器相互配合，实现钻具拧卸机械化，减轻个人劳动强度；卡盘和夹持器均采用单动操作，动作简单可靠，满足各类钻孔施工需求。

③采用多级油缸直推式无极调角装置，在允许的调角范围内实现了开孔高度不受限制的目标；给进与起拔钻具能力大，提高了钻机处理卡钻事故的能力。

④采用三泵系统设计，分快速和慢速两挡，回转参数与给进参数可以独立调节，变量油泵和变量马达组合，转速和扭矩可在较大范围内无级调整，钻机适应能力强。

⑤液压系统采用负载敏感和恒功率控制技术，节能效果显著，具有可靠性高、操作性好的优势。

2. 钻机参数

ZDY12000LD 型履带式大功率钻机主要技术参数见表 9.4。

表 9.4　ZDY12000LD 型履带式大功率钻机技术参数表

部件	名称	参数
回转器	额定扭矩/（N·m）	12000～3000
	额定转速/（r/min）	50～150
	主轴制动扭矩/Nm	2000
	额定压力/MPa	28
	主轴通孔直径/mm	135
给进装置	机身倾角/（°）	−10～20
	最大给进/起拔力/kN	250
	给进/起拔行程/mm	1200
行走装置	最大行走速度/（km/h）	2.2
	爬坡能力/（°）	15
油泵组	Ⅰ泵额定压力/MPa	28
	Ⅱ泵额定压力/MPa	26
	Ⅲ泵额定压力/MPa	21
	油箱有效容积/L	500
电机	额定功率/kW	132
	额定转速/（r/min）	1480
整机	配套钻杆直径/mm	89/108/127
	质量/kg	9000
	外形尺寸（长×宽×高）/mm	4200×1600×1900

3. 钻机回转器

回转器由液压马达、变速箱、液压卡盘和主轴制动装置等组成。为了使回转器有较理想的转速和扭矩的调节范围，提高回转器输出转速的调节灵活性，ZDY12000LD 型履带式大功率钻机的回转器（图 9.11）采用两组液控方式调节排量的变量马达，通过齿轮减速带动主轴和液压卡盘回转，利用变量马达调节排量使回转器实现转速和扭矩的大范围无级调速，有利于提高钻机的功率利用率。回转器的变速箱采用行星齿轮和圆柱斜齿轮两级减速结构对油马达进行减速，并采用液控变量马达，实现对输出扭矩和转速的大范围无级调节。钻机回转器采用主轴通孔式结构，使用钻杆的长度不受钻机给进行程的限制，同时 Φ135mm 大通孔直径可以通过 Φ89mm、Φ108mm 和 Φ127mm 钻杆，更换不同规格的卡瓦可实现两种工况下夹紧钻具的需求，扩大了钻具的使用规格。

此外,回转器的设计强化了密封和防尘措施,进一步确保在大扭矩输出下的工作可靠性。液压卡盘为油压夹紧、弹簧松开的胶筒式结构,压力油经变速箱体上的滤油器和主轴配油装置油道进入卡盘体,配油装置的泄漏油通过变速箱后经回油滤油器回到油箱。在回转器的第一传动轴上设计了钻杆制动装置,可将主轴有效抱紧。回转器采用卡槽式连接安装在给进装置的拖板上,给进油缸带动拖板沿机身导轨往复运动,实现钻具的给进或起拔。

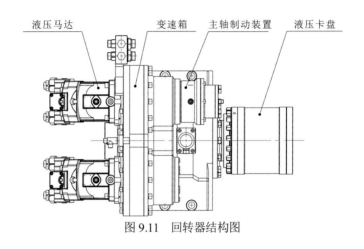

图 9.11　回转器结构图

4. 夹持器

夹持器(图 9.12)固定在给进装置机身的前端,主要用于起、下钻时夹持孔内钻具,并与液压卡盘配合实现机械拧、卸钻杆。液压夹持器因其具有使用安全方便、夹紧力大而且可调节等特点被广泛采用。ZDY12000LD 型履带式大功率钻机采用复合夹紧方式的夹持器,即自然状态下靠碟簧夹紧钻具,主油缸进入高压油可以打开夹持器,副油缸进入高压油可以推动夹持器使其强力夹紧钻具。为了便于下放粗径钻具,夹持器采用顶部开放式两边对称布置形式,松开螺栓可以翻开上拉杆,使夹持器顶部敞开,可以直接放入粗径钻具。同时,夹持器可以在底座上左右浮动,实现自动对中。夹持器底板上设计了与夹持器通孔同心的铜质定位拖轮,保证夹持器开口增大时对钻具有一定的导正作用,避免钻具在重力作用下发生较大偏斜。

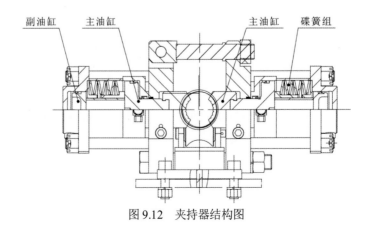

图 9.12　夹持器结构图

5. 给进装置

给进装置（图 9.13）由给进机身、给进油缸、V 型块、调整螺栓、托板、衬板、竖板等零部件组成。为了减小给进装置的结构尺寸，使其具备 250kN 大给进力的输出能力，设计时采用了一对双杆双作用油缸，活塞杆两端固定在机身的前后两端，通过连接螺栓将 V 型块、托板和竖板连接一起，并列式给进油缸带动拖板和回转器沿机身导轨移动，改善增强了缸筒的导向性，延长了油缸的使用寿命。给进机身由一定折弯角度的钢板焊接而成，整体刚性佳，可靠性高。给进机身导轨设计为 V 型，较之以往卡槽式导轨，摩擦力小、调整螺栓可自动补偿因磨损产生的间隙，并可单独拆卸竖板更换动力头，装配维护方便。油缸活塞杆固定在机身两端的挡板上，后挡板与支撑座连成一体，增加了机身的刚度，同等条件下机身长度、宽度等有效尺寸较大。

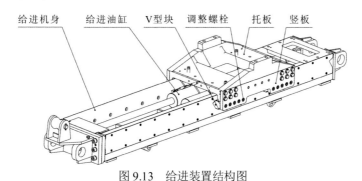

图 9.13　给进装置结构图

6. 调角装置

调角装置主要用于现场施工时调整钻机开孔倾角。ZDY12000LD 型钻机的调角装置（图 9.14）采用双支点双油缸直接对顶的调节方式，其前后支撑部分主要有后立柱和前立柱组成，后立柱与履带车体之间通过多组螺栓固定式连接，前立柱通过销轴与支座铰接连接。两个多级油缸分别通过铰接的方式固定在给进机身前后横梁上，向上推动位于给进机身后方的多级调角油缸可实现调俯角操作，向上推动位于给进机身前方的多级调角油缸可实现调仰角操作。调整完机身倾角后，辅助稳固油缸可对机身进行辅助支撑。多级调角油缸采用大行程结构，实现了给进机身较大范围的灵活调角。该调角装置的特点是正负调角范围大，操作简单可靠，同时该调角装置还能同时操作双油缸形成一致动作，快速调节钻机的整体水平开孔高度。

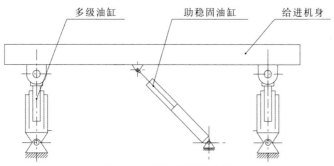

图 9.14　调角装置结构图

7. 操纵台

钻机操纵台是钻机的控制中心，由多种液压控制阀、压力表及液压管件组成。钻机行走、转向、动力头回转、给进起拔、机身调角稳固等动作的控制和执行机构之间的各种配合动作均可以通过操纵台上的控制阀实现。为使钻机布局合理，结构紧凑，按不同的工作状态，钻车操纵台（图 9.15）分为主操纵台、行走操纵台和副操纵台三部分。主操纵台在钻机钻进时使用，设在履带车体前方左侧；行走操纵台设在履带车体后方中间位置，符合操作及驾驶习惯，用于操控钻机的行走；副操纵台位于防爆计算机下方，用于稳固车体和调整给进机身的倾角大小。

主操纵台集成有多重功能控制阀组，主要由马达排量调节阀组、三联阀组、流量计组件、回转扭矩控制阀组、限压阀组、功能保护阀组、三泵功能保护阀组、慢进压力控制阀组、节流调速阀组、卸钻操作阀组等组成。主操纵台上设有水泵控制、快速回转、快速进给、慢速回转、慢速进给、卸钻操作、夹持器控制、卡盘控制、主轴制动、快速回转扭矩控制、慢速回转扭矩控制、Ⅲ泵功能转换、马达排量调节控制共十二个操作手把；溢流阀调压（给进、起拔、Ⅲ泵压力控制）、减压阀调压、起拔节流阀调压、马达排量调节六个调节手轮；水泵压力、给进压力、起拔压力、Ⅰ泵系统压力、Ⅱ泵系统压力、Ⅲ泵系统压力、Ⅰ泵回油、Ⅱ泵回油八块压力表；以及操作警示牌。行走操纵台由主操纵台分油供给高压油工作，设有履带行走操作手把，分别控制左右履带片的前进与后退，并可配合实现履带左右拐弯。副操纵台主要组件为一个七联多路阀。其中，一联控制钻机的前顶油缸，两联分别控制机身前后的两个调角油缸，四联分别控制稳固装置的四个油缸，从而实现钻机的稳固和钻进倾角的辅助调整。

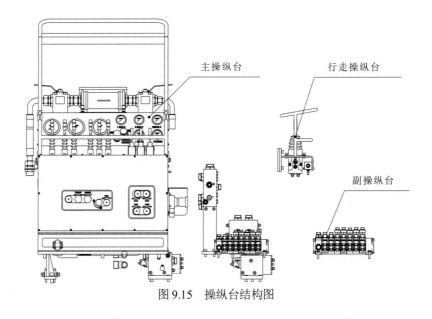

图 9.15 操纵台结构图

9.2.3　BLY390/12 型矿用泥浆泵车

BLY390/12 型矿用泥浆泵车（图 9.16）是具有自行走、可无级调节流量输出、远程控制的煤矿井下钻探用泥浆泵车，是煤矿钻探类新型设备，主要给钻孔提供冲洗液或为螺杆马达提供大流量和高压力的动力介质，可配套用于煤矿井下水平定向钻机和煤矿井下常规回转钻进钻机。BLY390/12 型矿用泥浆泵车集成了泥浆泵组件、电磁启动器、机车灯组件、瓦斯传感断电器、操纵台等装置，呈独立机组，履带驱动，搬迁便捷。配套 ZDY12000LD 型履带式大功率钻机配套使用，现场布局灵活，可在钻机操纵台操作泥浆泵的输出流量，减少辅助时间。

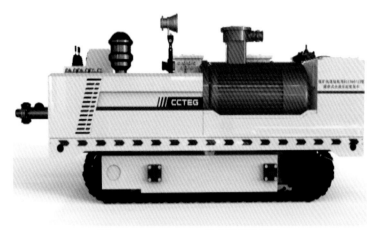

图 9.16　BLY390/12 型矿用泥浆泵车

1. 泵车特点

①泵车集成了多种附属装置，具备自行走能力，可显著减少辅助时间，机动灵活、适用性强，克服了传统泥浆泵搬迁费人费力的问题。

②基于施工工艺需求，通过泥浆泵输入与输出端的优化，最小化了泥浆泵单元的功率体积比，实现体积小，输出压力高，流量大的泥浆泵单元设计。

③采用液压系统容积调速系统，可实时输出工况所需的流量和压力，节能效果明显，负载敏感液压控制技术对钻探负载适应性强，可无级调节流量输出。

④设计了泵车瓦斯超限断电保护控制系统，该系统中瓦斯传感器，可对瓦斯浓度连续监测，瓦斯断电仪可实现瓦斯浓度超限时断电保护，确保了设备在突发情况下电源自动切断，电磁启动器提供多参数输出电源，为不同电器设备提供了统一的电源，可靠的同时，节约了设备的空间，整套控制可用遥控器实现远程启停功能。

2. 泵车参数

BLY390/12 型矿用泥浆泵车的主要技术参数见表 9.5。

表 9.5 BLY390/12 型矿用泥浆泵车技术参数表

类别	名称			参数
泥浆泵	额定流量/（L/min）			390
	额定压力/MPa			12
	吸水口直径/mm			76
	出水口直径/mm			32
液压泵站	油泵		排量/（mL/r）	190
			额定压力/MPa	28
	电动机		额定功率/kW	110
			额定转速/（r/min）	1480
			额定电压/V	1140/660
	油箱有效容积/L			380
行走装置	最大行走速度/（km/h）			2.2
	爬坡能力/（°）			15
	接地比压/MPa			0.082
	额定压力/MPa			26
	额定流量/（L/min）			120
电磁起动器	额定电流/A			200
	额定电压/V			1140/660 或 660/380
整机	质量/kg			5500
	运输状态外形尺寸（长×宽×高)/mm			3250×1300×1760

3. 泵车关键部件设计

BLY390/12 型矿用泥浆泵车（图 9.17）采用了履带式整体式结构，由泵站、泵车履带车体、泵车操纵台、泥浆泵组件、机车灯组件、电磁启动器、甲烷传感器等部分组成。各部分之间用高压胶管和螺栓连接，结构紧凑，可靠性高，具有可自主行走、集成性好、性能先进、操作简便等特点。

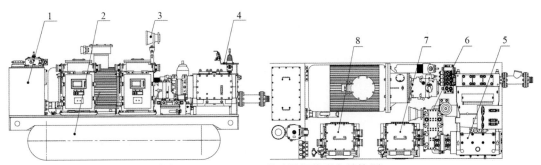

图 9.17 BLY390/12 型矿用泥浆泵车结构图

1.油箱；2.履带车体；3.机车灯组件；4.操纵台；5.泥浆泵组件； 6.甲烷传感器；7、8.电磁启动器

1）泥浆泵组件

泥浆泵组件（图 9.18）由泥浆泵、低速马达、蓄能器和泥浆泵进水管组件等部件组成。泥浆泵为三缸往复作用活塞式泥浆泵，由大扭矩径向液压马达驱动，具有高压力、无级调速、参数合理、结构先进、性能可靠等特点。

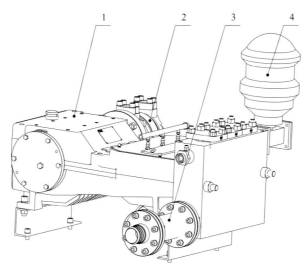

图 9.18　BLY390/12 型矿用泥浆泵车泥浆泵单元结构图

1.泥浆泵；2.低速马达；3.过滤器；4.蓄能器

2）泵站

BLY390/12 型矿用泥浆泵车泵站（图 9.19）由油箱电机泵组和冷却器三部分组成。电动机通过泵座和弹性联轴器带动主、副泵工作，泵从油箱吸油并排出高压油，经操纵台的控制和调节使各执行机构工作。为保证液压系统正常工作，在泵站上还安装有吸油滤油器、回油滤油器、冷却器、空气滤清器、油温计、油位指示计、磁铁等多种液压附件。

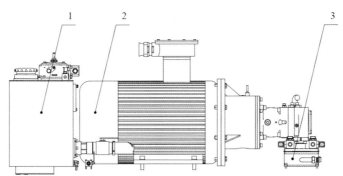

图 9.19　BLY390/12 型矿用泥浆泵车泵站结构图

1.电机泵组；2.油箱；3.冷却器

3）液压系统设计

BLY390/12 型矿用泥浆泵车液压系统为单泵开式液压系统（图 9.20），其工作原理如下：电动机（1）启动后，泵（3）经吸油滤油器（2）吸入低压油，输出的高压油进入液控多路换向阀（7），压力表（15）指示泵压力。多路换向阀（7）由四联组成，第1联控制左侧履带液压马达（8）的正转、反转和停止；第4联控制右侧履带液压马达（8）的正转、反转和停止；中间两联合流控制马达（14）的正转和停止。四联阀都处于中位时，Ⅰ泵卸荷，马达（14）处于浮动状态，履带马达（8）、（9）自行制动。泵回油经冷却器（4）和回油滤油器（5）回到油箱。

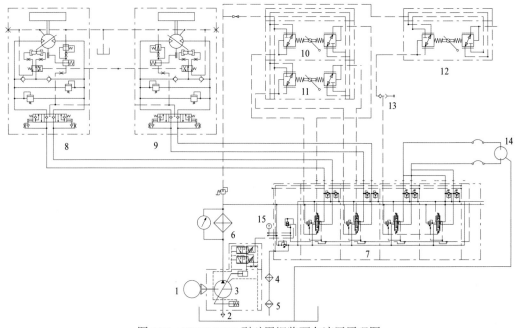

图 9.20　BLY390/12 型矿用泥浆泵车液压原理图

1.电动机；2.吸油滤油器；3.泵；4.冷却器；5.回油滤油器；6.高压过滤器；7.多路换向阀；8.左行走马达；9.右行走马达；10.远程控制阀；11.远程控制阀；12.远程控制阀；13.梭阀；14.马达；15.泵压力表

4）瓦斯超限断电保护控制系统设计

BLY390/12 型矿用泥浆泵车设计了瓦斯超限断电保护控制系统，该系统具有以下功能：设有的瓦斯传感器实现了对瓦斯浓度连续监测；设有的瓦斯断电仪实现了瓦斯浓度超限时断电保护；设有的电磁启动器提供了多参数输出电源；设有的遥控器可实现远程启停功能。

9.3　配套钻具

合理的钻具组合是煤矿井下大直径钻孔顺利实施的保障。若煤矿井下大直径钻孔的孔径超过 500mm 以上，且钻孔倾角较小，则需采用干式螺旋钻进工艺进行两级或三级成孔，即先施工导向孔再进行多级扩孔。

9.3.1　高强度整体式宽翼片螺旋钻杆

为实现导向孔的高效施工，西安研究院研制了 Φ108mm 高强度整体式宽翼片螺旋钻杆，依靠整体螺旋钻杆的螺旋槽排出钻孔内的岩煤渣，确保钻进过程中的安全。

1. 钻杆整体结构设计

螺旋钻杆在钻进过程中，综合考虑钻杆级配、强度及排渣等因素，钻杆结构设计的重点是提高钻杆强度和合理设计螺旋槽参数，为此根据螺旋钻杆的使用要求，确定钻杆整体结构设计为外平式，由公接头、母接头和管体三部分通过摩擦焊接而成，由于受井下巷道限制，钻杆长度为 1000mm，钻杆外径 Φ108mm，螺旋叶片通过在钻杆体上铣削螺旋槽而成，钻杆整体结构如图 9.21 所示；为确保钻杆接头强度，接头材料须达到 G105 钢级要求。管体选用无缝厚壁钢管，管体规格 Φ108×16mm，性能达到 R780 钢级要求。

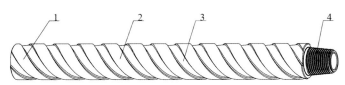

图 9.21　整体式宽翼片螺旋钻杆结构示意图
1.母接头；2.杆体；3.螺旋槽；4.公接头

整体式宽翼片螺旋钻杆具有以下优势：

②杆体和公、母螺纹接头采用摩擦焊接方式焊接而成，钻杆整体强度高。

②钻杆外平结构和宽翼片结构设计可满足回转器与夹持器直接夹持、拧卸钻杆，降低了工人劳动强度，提高了起下钻效率。

③钻杆为通孔式结构，满足空气或其他冲洗介质钻进工艺的使用要求。

④在回转钻进过程中，钻杆螺旋槽扰动钻孔底部沉积的岩屑，使其处于悬浮状态，在冲洗介质的作用下岩屑更容易排出孔外。

2. 接头结构设计

煤矿井下大直径钻孔施工时，钻杆在孔内承受着拉、压、扭、弯、离心力等多种载荷共同作用，极易发生疲劳失效，根据现场实际，钻杆的失效部位多数发生在钻杆接头螺纹部位。因此，选择合理的螺纹参数对提高钻杆的整体强度十分重要。

连接螺纹的主要载荷是通过螺旋副作用形成轴向载荷，载荷过大，螺纹因本体断裂，旋合螺纹牙剪断，台肩接触面挤溃而失效。螺纹的强度取决于螺纹牙强度、连接螺纹本体强度和接触端面挤压强度三部分，选型的主要目的是保证螺纹本体的抗拉强度和螺纹牙抗剪强度及台肩面挤压强度相匹配达到最佳组合。

普通外平钻杆接头螺纹为三角螺纹，三角形螺纹锥度较大，公母螺纹连接方便快捷，在石油钻杆及煤矿井下地质钻杆中应用较为广泛；梯形和偏梯形螺纹锥度较小，公母螺纹连接不便，一般用于内通径较大、抗拉能力要求较高的套管或钻杆。

Φ108mm 整体式螺旋钻杆接头选用石油钻杆接头螺纹，螺纹规格为 NC31，牙型采用 API 钻杆标准牙型 V-038R，锥度 1：6，螺距 6.35mm，牙底宽度约 4.6mm，牙型角为 60°，如图 9.22 所示。该接头螺纹啮合牙数多，较普通外平钻杆接头螺纹承载能力大，接头螺纹表面镀铜处理，提高了钻杆的抗粘扣能力。

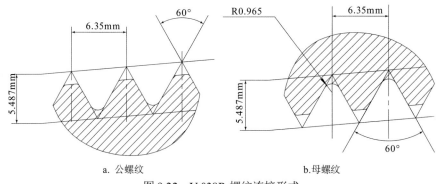

a. 公螺纹   b. 母螺纹

图 9.22 V-038R 螺纹连接形式

3. 螺旋槽参数设计

1）头数

由螺旋排粉原理可知，一条螺旋槽相当于一条螺旋输送线，则多头螺旋钻杆钻进时，相当于有多条螺旋线在输送煤粉，因此，在同一条件下，多头螺旋钻杆的排粉效果要优于单头螺旋钻杆。然而，头数太多，造成螺旋叶片宽度变小，影响钻杆使用寿命。因此，并不是螺旋叶片头数越多越好，根据大量生产实验和现场实际经验，螺旋头数确定为 3 头比较合适。

2）螺旋槽深度和法向宽度

螺旋钻进过程中，螺旋叶片对孔壁有支撑作用，同时又对孔壁有刮切、研磨的作用。螺旋槽深度和宽度的增加，叶片与煤粉的摩擦面积增大，钻杆填充率增大，可以提高螺旋钻杆的排粉效果。

但是，当螺旋钻杆外径和槽宽不变，只改变螺旋槽深度时，其平均螺旋升角也会随之变化；螺旋钻杆外径、槽深及其螺旋升角不变，螺旋槽宽度增加，可以有效提高运煤空间。因此，改变螺旋槽深度时，螺旋钻杆的排粉效果取决于螺旋升角对钻杆排粉效果的影响，而改变螺旋槽宽度，可有效提高携粉能力。

为保证螺旋叶片有足够的运煤空间，防止煤粉堵塞或过多的循环煤量，在钻杆结构布置时应尽量增加槽深和槽宽，螺旋钻杆在钻进过程中需传递扭矩，槽深和槽宽不能过大，在其刚度和强度要求得到满足的情况下才可以尽量增加槽深。

根据钻机能力及管体尺寸要求，Φ108mm 高强度整体式螺旋钻杆螺旋槽深为 5mm，法向槽宽为 22mm，螺旋槽由专用螺旋铣床加工。

3）螺旋升角

螺旋升角直接影响着螺旋钻杆的排粉效果，是螺旋钻杆设计最重要的结构参数。同一螺旋面上各点的螺旋升角不同，螺旋面靠近槽底的螺旋升角最大，而螺旋面外缘处的螺旋升角最小。为了描述及计算方便，常取螺旋面平均直径处的螺旋升角（计为 α）为螺旋槽的螺旋升角，如图 9.23 所示。

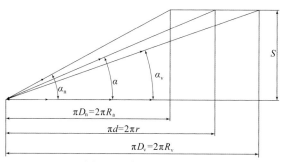

图 9.23　螺旋面展开图

由煤粉颗粒的运动分析图可知，要使宽翼片螺旋钻杆具备辅助排粉功能，螺旋升角必须满足：螺旋升角 α 大于叶片与煤粉摩擦角 β，煤粉才能不"粘"在螺旋槽内，沿螺旋槽向孔外滑动，通过理论计算和大量实验验证，螺旋升角为 36.5°时排粉效果最佳。

9.3.2　大通孔钻杆

Φ127mm 大通孔钻杆主要用于煤矿井下大直径钻孔 Φ153mm 导向孔钻进。

1. 钻杆结构设计

Φ127mm 大通孔钻杆整体为外平式结构，采用摩擦焊接方式将公接头和母接头与管体连接为一体，结构如图 9.24 所示。钻杆外径为 Φ127mm，长度为 1500mm，内孔直径 Φ103mm。

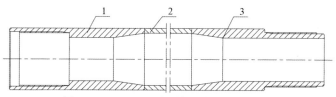

图 9.24　Φ127mm 大通径钻杆结构示意图

1.母接头；2.杆体；3.公接头

Φ127mm 大通孔钻杆要求杆体屈服强度大于 835MPa，抗拉强度大于 980MPa，为此，钻杆接头材质优选 40CrNiMo 优质合金结构钢，钻杆管体材质为 G105 钢级的 34CrMo4 优质合金结构钢。

2. 接头结构设计

钻杆接头易发生疲劳断裂。为满足大直径钻孔施工要求，钻杆设计为高强度和大通孔结构，接头采用双顶双锥结构（图 9.25），公母接头螺纹大端配合台肩面设有 15°斜角，增大了接头接触面面积，增加了螺纹连接强度。

1）双顶结构

为了减小钻杆在使用过程中的震动和冲击，在公接头螺纹与母接头螺纹处设有锥孔，钻杆连接时，公、母接头之间的螺纹相互啮合，同时公接头前端的圆锥插入母接头的锥孔内；同时公接头与母接头的大端与小端也同时接触，形成接头的双顶结构，如图 9.25，通过合理设计结构尺寸和公差，增加接头接触面积，提高了钻杆的抗压强度和螺纹的密封性，提高了接头承载力，延长了钻杆的使用寿命。

2）端面台肩设计

为增大了钻杆接头接触面积，钻杆公、母接头大端面台肩处设有15°斜角，如图9.26所示，同时螺纹连接后公接头可将母接头大端包覆起来，提高了母接头强度。

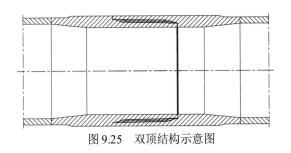

图9.25 双顶结构示意图   图9.26 接头端面结构示意图

3. 螺纹选型

钻杆常用的螺纹牙型有普通螺纹、矩形螺纹、梯形螺纹和锯齿形螺纹（偏梯形螺纹）、圆锥管螺纹、米制锥螺纹等，Φ127mm大通孔钻杆接头螺纹采用大螺距锯齿形锥螺纹，如图9.27所示。

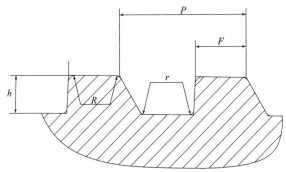

图9.27 锯齿形螺纹牙型结构示意图

9.3.3 大直径插接密封式螺旋钻杆

煤矿井下大直径钻孔扩孔过程中存在的主要问题是排渣问题，钻杆选型时需能保证具有良好的排渣能力。Φ400/127mm大直径插接密封式螺旋钻杆可以满足大直径钻孔扩孔施工需求。

1. 设计原则

根据煤矿井下大直径钻孔扩孔钻进工艺要求，主要依靠螺旋钻杆的螺旋叶片进行排渣，钻杆芯杆需具有足够的强度，且采用风压钻进时还需保证钻杆接头的密封性，因此，设计时应遵循以下原则：

①满足干式螺旋钻进工艺或风压钻进工艺要求，顺利排出孔内钻渣，钻杆整体为高叶片螺旋结构。

②钻杆长度短、重量轻，便于井下狭窄空间上卸，降低工人劳动强度；

③钻杆连接方式需为插接式结构，使钻杆满足反转工况需要，便于处理孔内卡钻、埋钻事故。

④钻杆接头密封性能好，满足压风钻进要求。

⑤适用于孔径 Φ650mm 钻孔的扩孔施工，要求钻杆具有足够的强度。

2. 钻杆结构设计

1）总体结构

根据上述原则，并结合井下大直径钻孔施工工艺要求，钻杆设计为插接密封式螺旋结构，钻杆由芯杆、螺旋叶片、连接部分组成。芯杆的中间杆为外平钻杆，两端采用摩擦方式焊接插接接头，在芯杆表面焊接螺旋叶片，钻杆外径设计为 Φ400mm，芯杆直径为 Φ127mm，钻杆总体结构如图 9.28 所示。

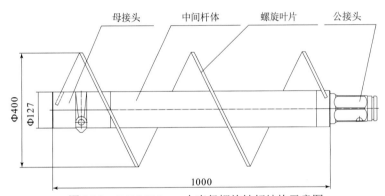

图 9.28　Φ400/127mm 大直径螺旋钻杆结构示意图

2）插接接头设计

常规焊接式螺旋钻杆接头螺纹主要有插接式和螺纹连接式两种，由于 Φ400/127mm 大直径螺旋钻杆较重，采用螺纹连接式拧卸困难，且不能反转，为此，设计了六方锥棱柱接头结构（图 9.29），可以实现快速拧卸，并且具备正、反转功能，提高了处理孔内事故的能力；通过连接销传递起拔力，实现钻杆的起下钻功能。同时根据钻进过程要求通风，在公母接头导向段设计了密封槽结构，利用 O 型密封圈实现密封。

接头插接部分带有锥度设计，便于钻杆快速插卸，在公接头六边形配合面小端增加了圆锥密封导向段，以提高钻杆插接效率，降低人工劳动强度。

销孔置于接头中心位置处，过接头通孔，仅适用于干式螺旋钻进；还可将销孔设计为偏置式，销孔错开插接接头中心通孔，采用风压螺旋钻进工艺进行钻孔施工。

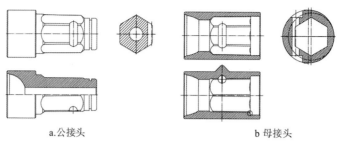

a.公接头   b 母接头

图9.29   大直径螺旋钻杆六棱锥插接接头结构示意图

3）连接销设计

连接插销是插接式宽叶片螺旋钻杆的重要组成部分，是钻杆连接的重要部件，它为钻杆传递起拔力，它与接头的连接结构对螺旋钻进工艺有着重要影响。接头销孔采用偏置式设计，偏离公母接头中心轴线一定距离，连接销设计为椭圆形结构，与圆形销孔配合后防止在销孔内转动，椭圆销结构如图9.30所示，装配示意如图9.31所示。螺母选用防松螺母，防止在钻进过程中，螺母在岩屑的反作用力下拧松，出现掉钻事故。该连接结构具有操作简单、易加工、工作可靠等特点，利用套筒扳手即可完成拧卸。

4）螺旋叶片参数设计

大直径螺旋钻杆是由芯杆与螺旋叶片焊接为一体，螺旋叶片的参数决定了钻杆的排粉效果。大直径钻孔施工时，出渣量大，必须及时将孔内钻渣排出，防止孔内积渣阻塞排渣通道，防止卡钻事故发。因此，合理设计螺旋叶片参数是决定螺旋钻进效率的关键。螺旋叶片参数主要包括：螺旋升角 α、螺距 S、螺旋叶片高度 H。

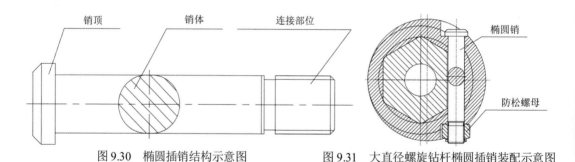

图9.30   椭圆插销结构示意图   图9.31   大直径螺旋钻杆椭圆插销装配示意图

（1）螺旋升角 α

螺旋角的大小与螺旋半径有关，螺旋半径越大、螺旋升角越小，因此靠近芯杆处的螺旋升角最大。根据理论计算和实际经验，螺旋升角 α 确定为 17.7°。

（2）头数

螺旋叶片头数是指钻杆焊接的螺旋叶片根数，螺旋头数可以根据螺旋钻杆导程、钻孔直径以及煤层物理机械性质等因素而定。一般螺旋钻杆的头数设计为1~3头，在螺距一定的前提下，头数越多，排粉阻力会增大，反而不利于排粉。因此，并不是螺旋叶片头数越多越好。综合考虑排渣效果、煤层硬度、加工难度等因素，确定螺旋叶片头数为单头。

（3）螺距

螺距的大小将影响速度各分量的分布。当螺距增加时，虽然轴向输送速度增大，但是会出现圆周速度不恰当的分布情况；相反，当螺距较小时，速度各分量的分布情况较好，但是轴向输送速度却较小。在确定最大的许用螺距时，还需考虑煤粉颗粒具有较大的轴向输送速度，同时螺旋面上各点的轴向输送速度大于圆周速度。根据实际设计经验，结合生产实需要，确定螺距为 400mm。

5）材质优选

大直径钻孔施工时，螺旋钻杆在钻进过程中受到给进力、扭矩、弯矩及自身离心力等复杂交变应力作用，必须保证钻杆强度满足施工要求。为了提高接头的机械性能，选用高强度结构钢 40CrNiMo，其抗拉强度≥890MPa，屈服强度≥1030MPa。管体选用 R780 钢级材质的 26CrMnMo，具有较高的综合机械性能。

螺旋叶片与钻杆体直接焊接，其材质需选用可焊性较好的材质。螺旋叶片选用耐磨性较高的 700L 作为螺旋叶片材质。

连接插销在整个螺旋钻进过程中，承受着钻柱轴向的拉力，受力单一，其材质一般选用 40Cr 即可满足钻进施工要求。

9.3.4　Φ200/89mm 插接式宽叶片螺旋钻杆

煤矿井下大直径钻孔钻进工艺主要有两种：一是有冲洗液介质（泥浆或清水）的正循环钻进工艺；二是无冲洗液介质的干式螺旋钻进工艺。针对煤矿井下水平孔钻进需要，考虑排渣难题，普遍采用干式螺旋钻进工艺进行施工。前一节阐述了适用于煤矿井下钻孔直径在 600mm 以上的配套钻具，本节主要介绍适用于孔径 200～300mm 左右钻孔施工的 Φ200/89mm 插接式宽叶片螺旋钻杆。

1. 设计原则

螺旋钻杆的设计是建立在对螺旋钻进机理理论和试验研究的基础上，并结合现场具体使用要求及钻机的性能，综合考虑连接形式、密封要求、管材的规格、钻杆质量大小、加工方法和可操作性等因素进行设计。所以，根据大直径钻孔钻进工艺和终孔直径要求，设计具体要求如下：

①要有足够的抗扭强度，易于排粉，耐磨，连接可靠方便，满足干式螺旋钻进工艺要求，钻杆整体为宽叶片螺旋结构。

②钻杆长度短、重量轻，便于井下狭窄空间上卸，降低工人劳动强度。

③钻杆连接方式须为插接式结构，连接方便，使钻杆具有反转功能，便于处理孔内卡钻、埋钻事故。

④若需适用于压风钻进工艺，接头连接销孔进行偏置设计，确保中心能够通水或通气。

2. 钻杆结构设计

1) 总体结构

钻杆设计为插接密封式螺旋结构，钻杆由芯杆、螺旋叶片、连接部分组成。芯杆的中间杆为外平钻杆，两端采用摩擦方式焊接插接接头，在芯杆表面焊接螺旋叶片，叶片较宽，钻杆外径设计为Φ200mm，芯杆直径为Φ89mm，钻杆总体结构如图9.32所示。

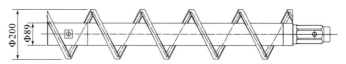

图9.32　Φ200/89mm 插接式宽叶片螺旋钻杆结构示意图

2) 插接接头设计

Φ200/89mm 插接式宽叶片螺旋钻杆，采用插接式结构，接头设计为六方锥棱柱接头结构（图9.33），接头具有一定锥度，可以实现快速拧卸，并且具备正、反转功能，提高了处理孔内事故的能力；通过连接销传递起拔力，实现钻杆的起下钻功能。同时根据钻进过程要求通风，在公母接头导向段设计了密封槽结构，利用O型密封圈实现密封。

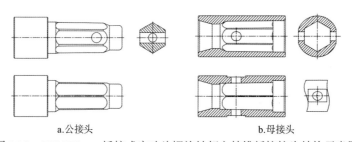

a.公接头　　　　　　　　　　　b.母接头

图9.33　Φ200/89mm 插接式宽叶片螺旋钻杆六棱锥插接接头结构示意图

3) 连接销设计

连接插销是大直径插接螺旋钻杆的重要组成部分，是钻杆连接的重要部件，它为钻杆传递起拔力，它与接头的连接结构对螺旋钻进工艺有着重要影响。销孔置于接头中心位置处，若采用压风钻进工艺，则将连接销孔偏离公母接头中心轴线一定距离，连接销设计为椭圆形结构，与圆形销孔配合后防止在销孔内转动，椭圆销结构如图9.30所示，装配如图9.34所示。

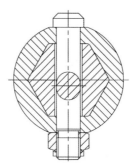

图9.34　Φ200/89mm 插接式宽叶片螺旋钻杆椭圆插销装配示意图

4）螺旋叶片参数设计

插接式螺旋钻杆是由芯杆与螺旋叶片焊接为一体，螺旋叶片的参数决定了钻杆的排粉效果。钻进过程中，出渣量大，需及时将孔内钻渣排出，防止孔内积渣阻塞排渣通道发生卡钻事故。为此，必须合理设计螺旋叶片参数。螺旋叶片参数主要包括头数、螺旋升角、螺距和螺旋叶片高度，经理论计算和大量生产实践，确定该规格钻杆的螺旋叶片头数为单头，螺旋升角取 32.5°，螺距为 200mm，叶片高度 11mm。

9.3.5　其他配套钻具

煤矿井下大直径钻孔施工中，稳定器的作用是保证钻孔轨迹平直，对整个钻柱起稳定、稳斜、扶正及导向作用。所以为了保证钻具的平稳性，应在钻头与钻杆中间设置 1 个或多个稳定器，起到扶正和导向的效果，还可有效降低钻进过程中的震动及摆动，取得很好的使用效果，尤其是井下大直径救援钻孔导向孔施工时，为保证钻孔精确命中"靶点"，贯通后不能偏离事故地点过大，必须安装稳定器进行防斜。目前常用的大直径稳定器主要有两种，即直棱稳定器和螺旋稳定器。

1. Φ203mm 直棱稳定器

Φ203mm 直棱稳定器主要由芯杆、翼片、外管、保径合金及切削合金组成，结构如图 9.35 所示。直棱稳定器主要在保证有效返渣的情况下尽可能增加扶正段的直径，在芯杆外壁焊接 3 条翼片，保证支撑强度，同时扶正段外壁采用圆筒保护，保证扶正机构顺利通过钻孔孔壁，减小阻力；外管表面增焊长条减磨保径合金，同时在前端刀翼上镶焊硬质合金以确保稳定器的扶正切削效果。该稳定器结构简单，加工方便，使用安全可靠，可以满足大直径钻孔扩孔钻进时防斜保直的要求。

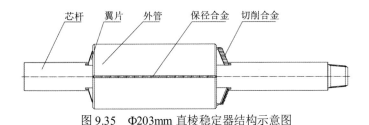

图 9.35　Φ203mm 直棱稳定器结构示意图

2. Φ133mm 螺旋稳定器

螺旋稳定器是一种在厚壁管体上整体按一定螺旋线铣削加工出螺旋叶片的稳定器，一般多用于地面石油钻进领域，因其具有较高的强度和耐磨性，也可适用于煤矿井下大直径钻孔施工中，其中具有代表性的是 Φ133mm 螺旋稳定器，该稳定器结构设计为整体式结构（图9.36），螺旋稳定器外径 Φ133mm，芯杆直径为 Φ108mm，螺旋工作段有效长度为 200mm，螺旋头数为 3 头，接头螺纹为 NC31 扣型，与 Φ108mm 高强度整体式螺旋钻杆一块使用。所以，稳定器选型时，一般根据配套钻杆规格选取。加工过程中，一般采用高强度合金钢作基体，为增强稳定器的耐磨层的耐磨性，通常在叶片（或称螺旋棱）表面上喷焊或堆焊耐磨材料及硬质合金块。

相对直棱稳定器，该稳定器与直棱与孔壁保持连续接触，运行较平稳，寿命较长，可以适应复杂地层的钻进施工。近年来，根据生产实际情况，Φ133mm 螺旋稳定器在陕北、淮南等地区进行了本煤层大直径钻孔施工应用。

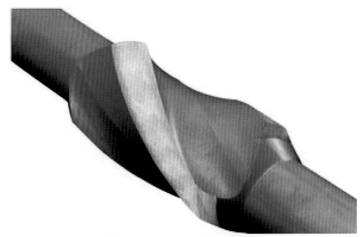

图 9.36　Φ133mm 螺旋稳定器

9.4　扩 孔 钻 头

目前，煤矿井下大直径钻孔施工包括回转钻进和冲击回转钻进两种方法，回转钻进多采用刮刀扩孔钻头，冲击回转钻进采用集束式潜孔锤。根据钻孔用途及地层情况，选择不同类型的钻头，可达到节约成本，缩短施工周期目的。

9.4.1　刮刀扩孔钻头

刮刀扩孔钻头属切削型钻头，是以切削、刮挤和剪切的方式破碎地层。根据切削齿类型不同，常用刮刀扩孔钻头主要有硬质合金刮刀钻头和 PDC 刮刀钻头两种类型的扩孔钻头。

1. 硬质合金刮刀钻头

扩孔用硬质合金刮刀钻头由破岩刀具翼片、钻头基体、支撑围板和连接螺纹等构成，通常分为两种结构，一种是整体式全断面扩孔钻头，另一种是带导向钻头的组合式扩孔钻头。整体式扩孔钻头高度较小，强度和刚度大，整体稳定性好，但导正效果较差，在不均匀地层中扩孔时易偏斜。组合式扩孔钻头由超前体和扩孔钻头体两部分组成，在钻进时可利用导向头进行导正。为减轻钻头重量，在钻头体上加工若干个孔，以减少煤矿井下劳动强度。图9.37 为扩孔用硬质合金刮刀钻头结构图。

1）结构强度

如图 9.46、图 9.47 所示，单体空气潜孔锤围绕中心杆等间距布置，为加强集束式扩孔空气潜孔锤整体强度及单体空气潜孔锤工作稳定性，单体空气潜孔锤上端与配气盘通过螺纹连接固定，同时扶正固定环起到对单体空气潜孔锤加强固定和扶正作用。

2）循环系统

集束式扩孔空气潜孔锤中心杆体通过扶正器与钻杆相连用来传递拉力和扭矩，同时也是用来驱动气动空气潜孔锤的高压风流通道；配气盒内部是一个连接中心杆体内通孔和空气潜孔锤中心通孔的腔体，用来向每个单体空气潜孔锤分配高压风，驱动空气潜孔锤工作；岩屑经集束式扩孔空气潜孔锤配气盘上的内凹排渣口进入钻孔与钻杆之间的环空，通过转动的螺旋钻杆向孔口排出。

3）稳定性

为保证扩孔钻进集束式扩孔空气潜孔锤工作稳定性，每一级扩孔都设计了与上一级孔径相同的扶正器，以此始终保证集束式扩孔空气潜孔锤与钻孔同心，使单体空气潜孔锤围绕扶正器保持环状扩孔碎岩。

3. 加工工艺

1）预装配工艺流程

①将双壁钻杆外管与带孔钻杆体连接（中心杆），并紧扣，然后置于滚轮架上，利用水平尺，将中心杆调整至水平。

②将固定圆盘与配气盒穿过中心杆体，置于大致位置，方便调整。

③确定配气盒上下限位置，并划定位线，以保持气孔畅通。预装配时，尽量使配气盒处于上下限中间位置。

④安装三个弯管，注意弯管与排渣孔的对应关系，并确定固定圆盘位置。确保固定圆盘与中心杆体垂直。

⑤将空气潜孔锤接头和空气潜孔锤连接，并测量总长度，以确定配气盒位置。如果配气盒位置超过定位线，则需调整固定圆盘位置，同时修改弯管尺寸。

⑥点焊将中心杆体、弯管和固定圆盘固定在一起。

⑦将带接头的空气潜孔锤穿过固定圆盘，与配气盒上的配气孔装配到一起。

⑧调整空气潜孔锤，与固定圆盘上的定位孔保持同轴，然后利用水平尺，调整空气潜孔锤带接头一端，使空气潜孔锤处于水平位置。

⑨点焊固定配气盒、空气潜孔锤接头。

2）焊接工艺

①焊接配气盒与双壁钻杆外管：清除焊接面周围的锈蚀、油污等有害物质，焊前预热，焊缝宽度满足要求。

②焊接空气潜孔锤接头与配气盒：清除焊接面周围的锈蚀、油污等有害物质，焊前预热，焊缝宽度满足要求 。焊接完成冷却后，取下空气潜孔锤。

③焊接固定圆盘与带孔钻杆体：清除焊接面周围的锈蚀、油污等有害物质，焊前预热，

焊缝宽度满足要求。

④焊接固定环与固定圆盘：焊缝宽度满足要求。

⑤焊接弯管：弯管与带孔钻杆体之间焊接时，焊前预热，焊缝宽度满足要求；弯管与固定圆盘之间焊接时，可不预热，焊缝宽度满足要求。焊前均需要除油除锈。

⑥焊接配气盒上方筋板：清除焊接面周围的锈蚀、油污等有害物质，焊前预热，焊缝宽度满足要求。

⑦焊接固定圆盘上方筋板：清除焊接面周围的锈蚀、油污等有害物质，焊前预热，焊缝宽度满足要求。注意筋板位置不能影响拧卸空气潜孔锤。

⑧焊接空气潜孔锤接头与配气盒之间的筋板：清除焊接面周围的锈蚀、油污等有害物质，焊前预热，焊缝宽度满足要求。

⑨焊接双壁钻杆外管与带孔钻杆体：加工一直径略大的环，铣成两半，扣于两者连接处，然后焊接到一起。焊前清除焊接面周围的锈蚀、油污等有害物质，焊前预热，焊缝宽度满足要求。

此外，要求采用红外线测温仪测量温度，使预热温度满足技术要求；焊缝较大，需多层焊时，要清理干净上层焊缝遗留的焊渣，以保证焊接强度。

第10章 煤矿井下大直径钻孔典型工程实例

自 2003 年起，中煤科工集团西安研究院有限公司在煤矿井下大直径孔施工技术装备方面开始进行了大量研究工作，利用坑道全液压钻机及配套钻具实施了多例煤矿井下大直径钻孔工程项目（石智军等，2008）。本章选取了 3 个具有代表性的工程实例，分别介绍煤矿井下大直径钻孔钻进技术装备的应用情况，以供行业相关技术人员、施工管理人员借鉴和参考。

10.1 贵州格目底东井煤矿大直径岩层钻孔

10.1.1 工程概况

格目底矿业东井矿在掘进矿井运输下山工程中，为了缩短矿建施工周期、节约掘进成本、尽快满足矿井生产条件，决定在东井煤矿主运输下山的 1185 下掘与 1100 上掘岩巷未贯通段的岩体内施工大直径贯通钻孔，用来铺设通风管道，进行矿井通风。

考虑到钻机装备运输问题，决定将钻孔布置在下山的 1185 下掘掘进面，钻孔设计深度 60m，倾角-21°，钻孔结构如图 10.1 所示；根据已掘进巷道地层揭露及前期钻孔勘探，大直径钻孔钻遇地层以泥岩为主，局部节理发育、稳定性差、遇水易塌孔、成孔困难。

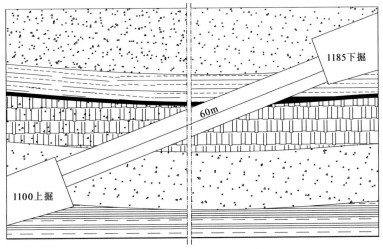

图 10.1 大直径钻孔结构示意图

10.1.2 成孔工艺及配套钻具

为保证东井煤矿主运输下山的 1185 下掘与 1100 上掘岩巷间大直径钻孔顺利贯通，成孔方案分为导向孔钻进和扩孔钻进两步完成。

1. 导向孔钻进方案及钻具配套

导向孔设计倾角-21°、设计深度 60m；施工以井下系统压风为循环介质，采用常规回转钻进方法；钻具组合方案为：Φ133mm 四翼内凹式钻头+Φ108mm 高强度整体式螺旋钻杆×60m，如图 10.2 所示。

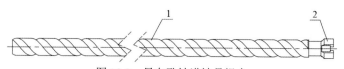

图 10.2 导向孔钻进钻具组合

1.Φ108mm 高强度整体式螺旋钻杆；2.Φ133mm 四翼内凹式钻头

2. 扩孔钻进方案及钻具配套

岩层大直径扩孔采用 Φ353/133mm 集束式空气潜孔锤回拉扩孔工艺方案，钻具组合方案为：Φ353/133mm 集束式空气潜孔锤+Φ108mm 高强度整体式螺旋钻杆×60m，如图 10.3 所示，Φ353/133mm 集束式空气潜孔锤由配气盘、中心杆、扶正固定环、连接法兰及 3 个 Φ89mm 气动空气潜孔锤和 Φ110mm 冲击钻头等组成。

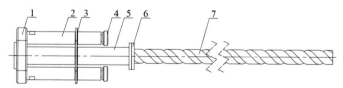

图 10.3 扩孔钻进钻具组合

1.配气盘；2.Φ89mm 气动空气潜孔锤；3.扶正固定环；4.Φ110mm 冲击钻头；
5.中心杆；6.连接法兰；7.Φ108mm 高强度整体式螺旋钻杆

10.1.3 装备配套

1. 钻机

根据试验钻孔能力、矿井巷道条件、钻孔设计参数，此次试验选用了 ZDY12000 全液压坑道钻机，该钻机采取步履式主机、履带式液压泵站的分体设计方案，便于钻场布置，适用于中小型矿井巷道条件，履带泵车可以用来牵引钻机或钻杆车，解决了设备小范围搬迁的问题。钻机、液压泵车分别如图 9.10、图 9.16 所示，技术参数见表 9.4。

2. 供风系统

现场试验选用矿井井下系统供风，该钻孔下系统供风由地面空壳装空压机组提供，为保证空气潜孔锤正常工作，要求供风风量 40m³/min 以上，风压 0.6MPa 以上。

10.1.4　施工情况

1. 导向孔钻进

大直径钻孔导向孔于 2015 年 3 月 23 日开钻，钻进耗时 8h，孔深 59.5m，顺利与 1100 上掘岩巷贯通，上下偏差小于 0.2m、左右偏差 1m。

2. 集束式空气潜孔锤回拉扩孔钻进

鉴于大直径钻孔配套钻具仅有 Φ108mm 高强度整体式螺旋钻杆，空气潜孔锤钻进风量无法满足孔内排渣需要，且大直径钻孔 21°倾角无法自行钻渣，试验采取了从 1100 下掘贯穿点利用 Φ353/133mm 集束式空气潜孔锤自下而上回拉扩孔、从 1100 下掘采用小型钻机及其配套螺旋钻杆进行辅助排渣的施工方案。按照该方案，回拉扩孔过程中，岩屑会堆积在扩孔集束式空气潜孔锤后方，这样既避免了自上而下正向扩孔方案岩屑无法排出导致钻孔堵塞、卡钻的问题，又方便从 1100 下掘采取措施淘渣。经 12 小时扩孔钻进，钻孔成功贯通，平均机械钻速达到 30m/h。

3. 大直径螺旋钻杆透孔排渣

由于大直径钻孔扩孔钻进出渣量大、21°倾角钻孔岩屑无法自行排出，且采用的小型钻机排渣能力有限，导致钻孔孔内被大量岩屑填满。为此，现场采取了利用 Φ400/127mm 大螺旋钻杆从上而下进行透孔排渣的施工方案。透孔过程中，干钻排渣效果良好，但因地下水进入钻孔导致钻孔坍塌严重而被迫停钻，随后改为从下而上方案继续透孔，透孔至 42m 时受积水影响，塌孔卡钻严重，被迫终孔。

10.1.5　小结

1. 试验效果

此次试验利用 ZDY12000 分体式大功率钻机、Φ108mm 高强度整体式螺旋钻杆、Φ353/133mm 集束式气动空气潜孔锤，在岩层中采用回拉扩孔钻进工艺，成功完成孔径 Φ353mm、孔深 59.5m 钻孔 1 个。通过此次试验对煤矿井下集束式空气潜孔锤进行了尝试，取得了一定效果；试验对 Φ400/127mm 大螺旋钻杆及其配套钻头进行了试验，在-21°倾角条件下，该套钻具仍具有良好的排粉效果。

2. 存在问题

尽管此次试验利用 Φ353/133mm 集束式气动空气潜孔锤成功完成了 59.5m 岩层大直径钻孔贯通试验，但由于前期试验方案、钻具准备不够充分导致试验期间出现了诸多问题，主要体现在：

①-21°钻孔倾角无法自行排渣，系统风量也无法满足钻孔排渣需要，导致回拉扩孔后孔

内堆积大量岩屑；

②回拉扩孔钻进方案需要钻孔两端均配备工作人员，并且需要双方紧密配合，作业难度大、不利于安全施工，适用范围有限。

3. 改进建议

基于集束式空气潜孔锤钻进及大直径螺旋钻杆排渣试验成果，可采用将两者结合进行岩层大直径钻孔施工，即将大直径螺旋钻杆与集束式空气潜孔锤连接，利用集束式空气潜孔锤扩孔碎岩钻进和大直径螺旋钻杆排渣的工艺方法。该工艺采用正向扩孔钻进工艺，这样既解决了岩石大直径钻孔钻进碎岩和钻孔排渣的问题，又避免了回拉扩孔钻进两端作业，大大提高了钻孔的钻进效率、作业安全性和钻孔工艺适用性。

10.2　山西保德煤矿大直径煤层钻孔

10.2.1　工程概况

神华神东煤炭集团公司保德煤矿采用联络巷埋管与高位钻孔立体抽采模式，可有效解决回采工作面瓦斯超限问题。然而，现有采空区联络巷施工采用掘进法施工，铺设埋管依靠密封墙封堵，存在成本高、周期长、密封效果不理想的问题。因此，保德矿提出采用Φ800mm近水平煤层钻孔替代现有联络巷的技术思路（田宏杰等，2017）。

10.2.2　装备配套与成孔工艺

该Φ800mm近水平煤层大直径钻孔设计倾角为5°，设计孔深为15m，施工时采用"导向孔+扩孔"的成孔方法，其中在导向孔施工时采用常规回转钻进工艺，扩孔时采用多级回拉扩孔钻进工艺。图10.4所示为多级回拉扩孔钻进示意图。

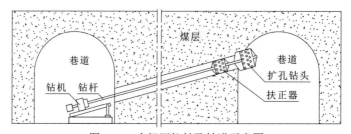

图10.4　多级回拉扩孔钻进示意图

1. 装备配套

施工钻机采用ZDY6000L履带式钻机，该钻机采用整体式结构布局，运输搬迁方便，适用于巷道条件较好的中大型矿井；最大输出扭矩达到6000N·m，转速50~190r/min，最大给进/起拔力为180kN，给进行程1000mm。钻具采用Φ89mm外平钻杆。所用钻头分别在后续内容分别介绍。

2. 导向孔施工

导向孔施工采用常规回转钻进工艺，钻进过程中利用静压水作为循环介质进行排渣，所用钻具组合为：Φ215mm 塔式组合钻头+Φ89mm 外平钻杆。其中，Φ215mm 塔式组合钻头由 Φ133mm 钢体式 PDC 四翼内凹钻头和 Φ215mm 的五翼硬质合金刮刀钻头组合而成，如图 10.5 所示。

当与目标巷道连通后，退出孔内所有钻杆，卸掉 Φ215mm 塔式组合钻头，然后沿导向孔将 Φ89mm 外平钻杆下放至目标巷道。

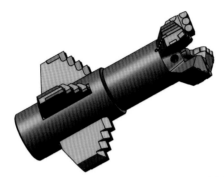

图 10.5　Φ215mm 塔式组合钻头结构示意图

3. 回拉扩孔施工

扩孔施工中采用三级回拉扩孔成孔方法，首先使用"Φ400/215mm 扩孔钻头+Φ203mm 扶正器+Φ89mm 外平钻杆"的钻具组合将 Φ215mm 钻孔扩大至 Φ400mm，然后，使用"Φ600/400mm 扩孔钻头+Φ370mm 扶正器+Φ89mm 外平钻杆"的钻具组合将 Φ400mm 钻孔扩大至 Φ600mm，最后，采用"Φ800/600mm 扩孔钻头+Φ550mm 扶正器+Φ89mm 外平钻杆"的钻具组合将 Φ600mm 钻孔扩大至 Φ800mm。每级扩孔完成后，均采用高压水清除孔内残余煤屑。

在本工程项目实施过程中，先后试验了牙轮组合回拉扩孔钻头（图 10.6）和拆卸式硬质合金回拉扩孔钻头（图 10.7）两种类型回拉扩孔钻头。

图 10.6　牙轮组合回拉扩孔钻头结构示意图

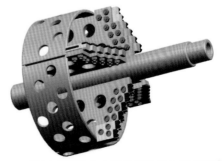

图 10.7　拆卸式硬质合金回拉扩孔钻头结构示意图

4. 回拉扩孔施工概况

采用拆装式硬质合金回拉扩孔钻头施工，钻机压力小，钻机运行较为平稳，扩孔速度快，三级扩孔共用时 2.5h 完成，其中 Φ400mm 扩孔用时 35min，Φ600mm 扩孔总共用时 50min，Φ800mm 扩孔时由于孔径较大，钻机吃力较大、略有轻微抖动，用时 70min 完成。采用牙轮组合回拉扩孔钻头施工，回拉扩孔速度也较快，对钻机的转速和压力较低，然而，钻头质量重，如 Φ600mm 牙轮组合钻头重量近 700kg，造成钻头拧卸困难，需要借助吊链方能吊起钻头，钻头与钻杆对正时，也缺少必要的工具，导致辅助时间过长，影响整体钻孔施工效率。

10.2.3 小结

利用"回拉式扩孔钻头+扶正器+外平钻杆"的钻具组合施工煤矿井下大直径联络钻孔，可解决钻孔偏斜问题，钻进效率高，为煤矿井下施工超大直径钻孔提供了一种新思路。

采用拆装式硬质合金回拉扩孔钻头进行煤矿井下煤层大直径钻孔施工，扩孔速度快，比同规格的牙轮组合回拉扩孔钻头重量轻，降低了工人的劳动强度，同时，通过对损坏的切削刀翼单独更换，实现了钻头体的重复利用，拆装式硬质合金回拉扩孔钻头使用寿命长，降低了钻头使用成本。

10.3 山西成庄矿大直径煤层钻孔

10.3.1 工程概况

山西晋城蓝焰煤业股份有限公司成庄矿在 4312 工作面 43122 回风巷与 43123 辅助进风巷之间的保护煤柱上布置了多个大直径贯穿钻孔，当工作面回采后，利用其替代横川抽采上隅角附近采空区瓦斯，改变采空区瓦斯流向，达到降低工作面上隅角和回风巷瓦斯浓度的目的（王鲜等，2017）。大直径钻孔抽采瓦斯原理如图 10.8 所示。

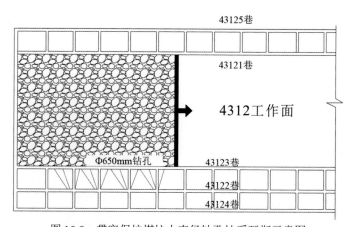

图 10.8 贯穿保护煤柱大直径钻孔抽采瓦斯示意图

该保护煤柱所属煤层为 3 号煤，呈水平分布，硬度系数 f1.5，总体结构简单、稳定，成孔率高。在大直径钻孔钻进过程中，受巷道松动圈影响，3~5m 煤层孔段裂隙较发育，可能会出现塌孔现象。

该保护煤柱宽度约为 40m。考虑到巷道及钻机尺寸及大直径钻孔施工空间需要，钻机开孔方向与巷道呈 50°~60°夹角，钻孔设计深度为 44~52m。为了保证钻孔能有效抽采工作面上隅角瓦斯，大直径钻孔终孔贯穿点应位于 43123 巷顶部拐角处，为此钻孔设计倾角为 3°~6°。

为避免孔内发生坍塌影响上隅角瓦斯抽采效果，在大直径钻孔钻进完成后，需全孔段下入 Φ400mm 的抽排管路。该抽排管路由多根 PE 管以管箍方式连接而成，PE 管单根长度 4m，管箍最大外径为 Φ600mm，如图 10.9 所示。据此确定大直径钻孔终孔直径为 650mm。

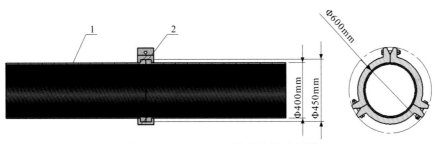

图 10.9　Φ400mmPE 管路连接示意图

1.Φ400mmPE 套管；2.管箍

10.3.2　成孔工艺及配套钻具

大直径钻孔施工采用"导向孔+扩孔"的成孔方法。导向孔施工采用常规回转钻进工艺，扩孔时采用大直径螺旋钻杆回转钻进工艺。

1. 导向孔施工

根据各大直径钻孔实际布置位置的不同，导向孔倾角为 3°~6°、孔深为 44~50m。导向孔施工以 BLY390/12 型矿用泥浆泵提供的高压清水作为冲洗介质，采用了常规回转钻进工艺。导向孔钻具组合为：Φ153mm 四翼内凹式钻头+Φ127mm 大通孔钻杆，如图 10.10 所示。

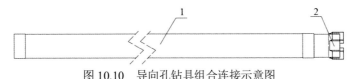

图 10.10　导向孔钻具组合连接示意图

1.Φ127mm 大通孔钻杆；2.Φ153mm 四翼内凹式钻头

2. 扩孔施工

为解决大直径钻孔排渣问题，采用了大直径螺旋钻杆干式回转排渣的成孔方法。扩孔时采用分级扩孔方法，首先使用"Φ450/153mm 扩孔钻头+Φ400/127mm 大直径螺旋钻杆"的钻具组合将 Φ153mm 钻孔扩大至 Φ450mm，然后使用"Φ650/450mm 扩孔钻头+Φ400/127mm

大直径螺旋钻杆"的钻具组合将 Φ450mm 钻孔扩大至 Φ650mm。图 10.11 所示为分级扩孔钻具组合。

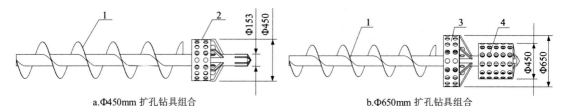

a.Φ450mm 扩孔钻具组合　　　　　　　b.Φ650mm 扩孔钻具组合

图 10.11　分级扩孔钻进钻具组合

1.Φ400/127mm 螺旋钻杆；2.Φ450/153mm 扩孔钻头；3.Φ650mm 扩孔钻头；4.Φ450mm 导向头

扩孔施工采用的扩孔钻头和大直径螺旋钻杆尺寸大、重量大，钻具连接和拆卸费时费力。因此，为了减少扩孔次数、提高施工效率、降低劳动强度，可根据配套钻进装备具体情况，采用一次性扩孔方法进行煤层大直径钻孔的施工。Φ650mm 煤层大直径钻孔一次性扩孔钻具组合为：Φ650/153mm 组合扩孔钻头+Φ400/127mm 大直径螺旋钻杆，如图 10.12 所示。

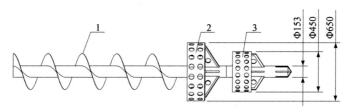

图 10.12　Φ650mm 一次性扩孔钻进钻具组合

1.Φ400/127mm 螺旋钻杆；2.Φ650mm 扩孔钻头；3.Φ450/153mm 扩孔钻头

10.3.3　装备配套

1. 钻机

综合考虑矿井巷道条件、钻孔设计参数、成孔工艺及配套钻具情况，选用 ZDY12000LD 履带式大功率钻机，该钻机采用整体式结构布局，运输搬迁方便，适用于巷道条件较好的中大型矿井；最大输出扭矩达到 12000N·m，能够满足煤层 Φ650mm 大直径钻扩施工需要。钻机及其技术参数详见 9.2.2 节内容。

2. 泥浆泵车

导向孔钻进采用常规回转钻进工艺，利用清水作为循环介质，为满足导向孔 Φ153mm 导向孔开孔孔内排渣需要，选用了 BLY390/12 型矿用泥浆泵车，该泵车具有自行走、可无级调节流量输出、远程控制等功能，最大输出泵量达到 390L/min。泥浆泵车及其技术参数详见 9.2.3 节内容。

10.3.4　施工概况

1. 分级扩孔成孔方法

在山西晋城蓝焰煤业股份有限公司成庄矿 4312 工作面 43122 巷 33 横川定向钻场保护煤柱中，施工完成孔径 Φ650mm、孔深分别为 46m 和 51m 的 2 个大直径瓦斯抽采钻孔。在施工过程中，导向孔孔径 Φ153mm，扩孔采用先扩 Φ450mm、再扩 Φ650mm 的二次分级扩孔方法，历时 8d，纯钻进时间 60h。

在 Φ450mm 扩孔阶段，钻机回转压力 7~10MPa，给进压力 5~6MPa，平均机械钻速 12m/h，综合钻速 4~5m/h；在 Φ650mm 扩孔阶段，钻机回转压力 8~11MPa，给进压力 5~6MPa，平均机械钻速 8m/h，综合钻速 3~4m/h。

2. 一次性扩孔成孔方法

根据前期扩孔钻进时钻机系统压力数据可以发现，在两种扩孔工况下，钻机系统实际压力均远低于钻机系统 28MPa 的最大工作压力，钻机系统压力富余量较大。因此，尝试了一次性扩孔成孔方法，即直接将钻孔从 Φ153mm 扩大至 Φ650mm。Φ650/153mm 扩孔钻头是由 Φ450/153mm 扩孔钻头和 Φ650/450mm 钻头组合而成，钻头结构如图 10.13 所示。

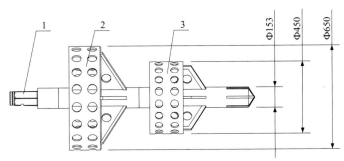

图 10.13　Φ650/153mm 扩孔钻头结构示意图
1.公插接接头；2.Φ650mm 扩孔钻头；3.Φ450/153mm 扩孔钻头

在 33# 横川沿工作面切眼方向，利用一次性扩孔成孔方法施工了 4 个大直径贯通钻孔，钻孔深度分别为：40.5m、43.5m、46m、48m。在扩孔钻进过程中，平均机械钻速达到 7.5m/h，综合钻速达到 4m/h，最大班扩孔进尺 30m，给进压力 6~8MPa，回转压力 10~14MPa。

从钻进工艺参数及钻进效率统计数据两方面综合比较，一次性扩孔成孔比二次分级扩孔成孔提高了近一倍的成孔效率。

3. 能力孔试验

前期施工表明：对于孔深 50m 左右的煤层大直径钻孔，采用 Φ650/153mm 钻头的一次性扩孔成孔方法可显著提高成孔效率。因此，能力孔导向孔完成后，仍采用一次性扩孔成孔方法。

能力孔开孔倾角-5°，钻进至 70m 处塌孔严重，现场换用扩孔钻具组合：Φ650/153mm

组合钻头+Φ400/127mm 大直径螺旋钻杆，计划从孔口一次将孔径扩大至 Φ650mm。

在扩孔至孔深 10m 过程中，钻机运行平稳，给进压力 4~5MPa，回转压力 12~14MPa，转速 60r/min 左右，平均机械钻速 10m/h，综合钻速 5.45m/h。当扩孔至 23m 时，钻机回转压力达到 20MPa，这表明孔内塌孔比较严重，因此退出 Φ650/153mm 扩孔钻头，换用 Φ450/153mm 扩孔钻头。

在 23m 至 50m 孔段，利用 Φ450/153mm 扩孔钻头进行扩孔的过程中，钻机运行平稳，排渣顺畅，给进压力 4~5MPa，回转压力稳定在 14~16MPa，转速 60r/min 左右，平均机械钻速 12.77m/h，综合钻速 6.19m/h。当扩孔至 70m 孔深时，回转压力达到 20MPa，最终钻至 75m 深度，钻进过程中回转压力为 20~25MPa。

Φ450mm 孔径扩孔施工完成后，再次换用 Φ650/450mm 扩孔钻头进行二次扩孔，扩孔孔深 75m。在扩孔钻进过程中，钻机运行平稳，排渣顺畅，给进压力 5~6MPa，回转压力 15MPa，转速 70r/min，平均机械钻速 8.6m/h，综合钻速 4.6m/h。煤层大直径钻孔施工历时约 7d。图 10.14 为煤层大直径钻孔孔口孔壁与孔内沉渣情况照片。

图 10.14　煤层大直径钻孔孔壁与下侧沉渣情况

10.3.5　小结

1. 试验效果

此次试验利用 ZDY12000LD 履带式大功率钻机、Φ400/127mm 大直径螺旋钻杆、Φ450/153mm 和 Φ650/450mm 扩孔钻头等，采用螺旋钻杆干式排渣回转分级扩孔和一次性扩孔钻进工艺，施工完成 7 个孔径 Φ650mm 的煤层大直径钻孔，总进尺 350m，单孔深度均在 40m 以上，最大孔深达到 75m，综合钻进效率高。

2. 存在问题及建议

在孔深 75m 能力孔施工中，由于孔壁坍塌、掉块导致导向孔返水不畅，未能成功贯通；同时造成扩孔期间钻机系统压力急剧升高，影响了大直径钻孔的顺利实施。这表明：现有煤层大直径钻孔钻扩孔成孔技术装备虽然可以较好满足稳定煤层大直径钻孔施工需要，但对于复杂地质条件下煤层大直径钻孔的施工仍存在一定的技术问题。针对该问题，建议开展煤矿井下大直径钻孔跟管钻进技术的研究和现场试验。

参 考 文 献

曹东风. 2009. 宝峨 RB50 型车载钻机施工工艺探讨. 中国煤炭地质，21（7）：69-85.

常江华，凡东，田宏亮. 2017. 全液压车载钻机给进回路负载特性分析及设计. 煤田地质与勘探，45（06）：182-186.

陈粤强. 2009. 国内煤层气井用钻机技术分析与研究. 西安：西安科技大学.

程林，李艳丽，尹建国. 2016. 平邑石膏矿坍塌事故 5 号救生孔施工工艺及钻具配置. 探矿工程（岩土钻掘工程），43（5）：13-16.

邓军，金永飞，李树刚. 2007. 矿山救援可视化指挥系统的关键技术. 煤炭科学技术，35（1）：51-53.

董润平，胡忠义. 2011. RD20Ⅱ型钻机及空气潜孔锤钻进施工中若干问题探讨. 探矿工程（岩土钻掘工程），38（12）：50-53.

杜兵建. 2007. 矿难救援工作中钻进新技术的应用. 探矿工程（岩土钻掘工程），增刊：149-150.

杜兵建. 2009. 华北型煤矿施工大孔径直排孔的工艺探讨. 中国煤炭地质，21（S1）：76-78，81.

杜兵建，杨涛. 2018. 大孔径救援钻孔技术应用. 劳动保护，2：88-90.

杜贵亭. 2010. 超大口径瓦斯抽排放井施工技术. 探矿工程（岩土钻掘工程），37（12）：47-48.

凡东. 2017. ZMK5530TZJ60 型车载钻机的研制. 煤矿安全，48（05）：117-119.

凡东，常江华，王贺剑，等. 2017. ZMK5530TZJ100 型车载钻机的研制. 煤炭科学技术，45（3）：111-115，146.

樊宏伟，于久远. 2012. 固井与完井作业. 北京：石油工业出版社.

范黎明，殷琨，张晓光，等. 2011. 潜孔锤钻进孔口密封器流场数值模拟及优化设计. 吉林大学学报（地球科学版），41（02）：511-517.

冯起赠，秦如雷，许本冲，等. 2014. 全液压车装钻机在集束式潜孔锤反井施工中的应用. 探矿工程（岩土钻掘工程），41（6）：23-26.

甘心，殷琨，何江福，等. 2015. 救援井用大直径贯通式潜孔锤及钻头的研制. 吉林大学学报：工学版，45（5）：1844-1851.

高广伟. 2016. 大直径钻孔救援的实践与思考. 中国应急管理，3：74-75.

高宏亮. 2009. 车载钻机在地质勘探工程中的应用. 地质装备. 2：38-41.

高加索. 2010. MZJ10 煤层气钻机的研制. 石油机械，12：60-62

高启瑜，曹主军，张强，等. 2015. 大直径集束空气潜孔锤正循环快速扩孔钻进技术试验. 探矿工程（岩土钻掘工程），42（9）：38-41.

高燕，宋胜涛，王跃军，等. 2012. 液压盘式刹车系统制动钳制动力矩的设计. 中北大学学报（自然科学版），33（5）：543-546.

高阳. 2016. 单体大口径潜孔锤的基础研究. 大庆：东北石油大学.

耿建国，彭桂湘，袁志坚，等. 2010. 煤矿瓦斯抽排井套管强度校核计算方法探讨. 探矿工程（岩土钻掘工程），

37（10）：78-81.

缑延民.2012.煤矿大口径保温井保温套管结构设计及下套管技术.探矿工程（岩土钻掘工程），39（120）：63-66.

胡琴，刘清友.2006.复合齿形牙轮钻头及其破岩机理研究.天然气工业，26（4）：77-79.

胡水根，利歌.2011.折线绳槽卷筒.起重运输机械，1：12-15.

季学庭.2009.大口径瓦斯排放孔施工工艺探讨.探矿工程（岩土钻掘工程），36（S1）：204-206.

蒋希文.2006.钻进事故与复杂问题（第二版）.北京：石油工业出版社.

金万海，周贵宗，张丰.2012.全液压车载动力头钻机在瓦斯抽采钻进中的应用.西部探矿工程，11：27-30.

金永飞，徐精彩，郑学召.2006.基于双绞线通信技术的矿山应急救援系统的研究.矿业安全与环保，33（3）：
　　70-71.

荆国业.2014.大口径瓦斯抽排井反井施工技术.煤炭技术，33（06）：86-89.

李亮.2016.平邑石膏矿坍塌事故救援成功后的几点思考.探矿工程（岩土钻掘工程），43（10）：281-286.

李泉新，石智军，田宏亮，等.2019.我国煤矿区钻探技术装备研究进展.煤田地质与勘探，47（2）：1-6，12.

李世忠.1980a.钻探工艺学（上）.北京：地质出版社.

李世忠.1980b.钻探工艺学（下）.北京：地质出版社.

李万余，金华，白泽生，等.2012.石油钻机.北京：石油工业出版社.

李文峰，李华.2008.矿山无线救援通信技术研究.煤炭科学技术，36（7）：80-83.

李云峰.2007.淮南丁集矿瓦斯排放井施工技术.中国煤田地质，8：31-34.

李钊源，金龙哲，李芳玮，等.2013.煤矿避难硐室提升钻孔系统研究.中国安全科学学报，23（11）：97-101.

李志春.2012.深大口径钻孔井底落物打捞器具的研制创新.价值工程，4：36.

刘波，马黎明.2014.大口径钻孔下管固管工艺探讨.中国煤炭地质，26（6）：69-70，73.

刘广志.1998.中国钻探科学技术史.北京：地质出版社.

刘建林，殷琨.2012.SGQ-320型气体钻进用贯通式潜孔锤的研制.石油钻探技术，40（1）：114-115.

刘祺.2015.煤层气钻机起下钻提引装置的设计.煤矿机械，36（11）：7-9.

刘祺.2016.煤层气车载钻机动力头的研制及应用.煤矿安全，47（05）：104-107.

刘庆修.2019.大直径深孔载人救援提升装备关键技术研究.北京：煤炭科学研究总院.

刘庆修，邹祖杰，凡东，等.2017.ZMK5200QJY40型矿用救援提升车.煤矿安全，48（2）：117-119.

刘文革，曹继玉，刘春明.2015.集束式反井气动潜孔锤钻进工艺在大口径煤矿排水孔施工中的应用.中国煤
　　炭地质，27（3）：49-52.

刘永彬.2009.大口径瓦斯排放井套管抗挤强度计算分析.中国煤炭地质，21（S1）：37-39.

刘振东.2013.大孔径集束式潜孔锤结构与动力特性的研究.大庆：东北石油大学.

刘志强.2008.大直径反井钻机及反井钻进技术.煤炭科学技术，36（11）：1-3.

刘志强.2017.反井钻机.北京：科学出版社.

刘志强，荆国业，王桦，等.2015.大直径瓦斯抽排井钻进技术分析.建井技术，36（1）：1-7.

陆祖安.1993.大口径钻孔事故打捞工具.地质与勘探，29（10）：64.

罗琰峰，林贵瑜，王万振.2016.起重机双折线卷筒的相关参数研究与确定.建筑机械，1：59-64.

马功社，刘小康，李宝珠.2012.黄陵二号煤矿大口径瓦斯管道井施工技术.矿业安全与环保，39（6）：73-75，
　　78.

马黎明.2015.气举反循环工艺在大直径工程井中的应用探讨.中国煤炭地质，27（10）：46-48.

莫海涛.2014a.煤矿区地面大口径定向井成井工艺研究.北京：煤炭科学研究总院.

莫海涛.2014b.彬长矿区大口径井钻杆断裂事故分析与处理.煤炭工程，46（2）：31-33.

莫海涛,郝世俊,叶根飞.2014.煤矿区大口径井二开先导孔下导管钻进技术.煤田地质与勘探,42(4):106-108.

彭桂湘.2010.大口径工程井套管事故及预防技术措施.探矿工程(岩土钻掘工程),37(8):47-50,53.

祁海莹,唐述明.2011.国内外矿山救援装备现状及发展趋势探讨.矿业安全与环保,38(04):89-92.

祁玉宁.2019.煤层气钻机车专用底盘的研究与应用.煤炭技术,38(01):118-119.

钱自卫,姜振泉,吴慧蕾.2010.煤矿救援快速钻进系统技术分析.煤矿安全,(9):116-118.

渠伟,李新年,张堃,等.2016.大口径救援生命通道的施工工艺及钻具配置.中国安全生产科学技术.12(S1):44-48.

石继峰.2008.淮南某煤矿大口径瓦斯抽排井下管、固管技术.西部探矿工程,1:107-109.

石长岩.2011.对智利矿难若干问题的思考.现代职业安全.11:30-33.

石智军,胡少韵,姚宁平,等.2008.煤矿井下瓦斯抽采(放)钻孔施工新技术.北京:煤炭工业出版社.

石智军,赵江鹏,陆鸿涛,等.2016.煤矿区大直径垂直定向孔快速钻进关键技术与装备.煤炭科学技术,44(9):13-18.

石智军,田宏亮,赵永哲,等.2018a.煤矿区煤层气开发对接井钻进技术与装备.北京:科学出版社.

石智军,刘建林,李泉新.2018b.我国煤矿区钻进技术装备发展与应用.煤炭科学技术,46(4):1-6.

石智军,李泉新,姚克,等.2019.煤矿井下随钻测量定向钻进技术与装备.北京:科学出版社.

史兵言.2001.大口径牙轮钻头的常见损坏型式及解决措施.探矿工程(岩土钻掘工程),6:40-41.

史海岐.2014.Blackstar EM-MWD 在空气潜孔锤钻井中的应用.煤矿安全,45(08):110-113.

孙敏,张建中,韩德林.2014.特长套铣筒在埋钻事故中的应用.中国煤炭地质,26(3):18.

唐永志,赵俊峰,丁同福,等.2018.复杂地质条件下大直径救生孔成孔关键技术与工艺.煤炭科学技术.46(04):22-26,39.

田宏杰,王传留,孙荣军.2017.煤矿井下大直径回风巷联络钻孔成孔工艺研究.中国煤炭,43(10):72-75,114.

田宏亮,凡东,常江华,等.2014.ZMK5530TZJ60(A)型钻机车的研制.见董书宁,张群.煤炭安全高效开采地质保障技术及应用.北京:煤炭工业出版社:435-440.

田宏亮,张阳,郝世俊,等.2019.矿山灾害应急救援通道快速安全构建技术与装备.煤炭科学技术,47(05):29-33.

万宏峰,尚志锁.2011.地面瓦斯抽采钻机车的研制及应用.河北煤炭,1:41-42.

王达,何远信,等.2014.地质钻探手册.长沙:中南大学出版社.

王扶志,张志强,宋小军,等.2008.地质工程钻探工艺与技术.长沙:中南大学出版社.

王建学,万建仓,沈慧.2008.钻进工程.北京:石油工业出版社.

王清岩,吕红权,高翼,等.2013.旋挖钻机嵌岩桩施工用反循环潜孔锤钻具研究.工程机械,44(10):14-18.

王四一,赵江鹏.2016.大直径集束式潜孔锤反循环钻进技术研究.中州煤炭,6:119-122.

王鲜,许超,王四一,等.2017.本煤层 Φ650mm 大直径钻孔技术与装备.金属矿山,8:121-124.

王艳丽,许刘万,伍晓龙,等.2015.大口径矿山抢险救援快速钻进技术.探矿工程(岩土钻掘工程),42(8):1-5.

王永全,崔秀忠,巩建雨.2009.大口径瓦斯抽放井施工工艺.中国煤炭地质,21(1):65-66,70.

王瑜,林立,姜建胜.2008.基于 AMESim 液压盘式刹车系统建模与仿真研究.石油机械,36(9):31.

王振亚,鲁飞飞,邹祖杰.2019.煤层气车载钻机多功能液压卸扣器的研制.煤矿机械,40(06):115-117.

王志坚.2011.矿山钻孔救援技术的研究与务实思考.中国安全生产科学技术,7:6-9.

王自强,杨述起,张鹏.2011.对大直径扩孔钻头结构的几点认识.矿山机械,2:40-43.

威廉 C.莱昂斯，等.2012.空气与气体钻进手册（第三版）.杨虎等译.北京：石油工业出版社.

吴兵，华明国，雷柏伟.2013. 矿山应急救援系统. 辽宁工程技术大学学报（自然科学版），23（8）：1015-1021.

吴松贵，杨健，尹德战，等.2011.大口径瓦斯抽排钻孔套管稳定性分析.安徽理工大学学报（自然科学版），31（1）：41-44，50.

吴杨云. 2013.王家岭煤矿透水事故地面快速垂直钻进救援技术成果研究.中国职业安全健康协会学术年会论文集，2013：1016-1024.

谢来，张乐，赵斌，等.2010.智利矿工大营救.劳动保护，11：108-110.

谢涛，陈林.2015.矿山事故钻孔救援技术及配套提升装备的研制.起重运输机械，2：69-74.

熊青山，殷琨.2011.气动潜孔锤仿真电算软件开发与应用.北京：石油工业出版社.

胥刚.2013.气动潜孔锤钻进工艺在煤层气井的应用实践.探矿工程（岩土钻掘工程），40（增刊）：276-278.

薛萍，陈全保.2001.船用绞车系统中的电滑环装置.光纤与电缆及其应用技术，5：33-35.

鄢泰宁.2001.岩土钻掘工程学.武汉：中国地质大学出版社.

杨富春.2014.超大口径钻孔施工技术.探矿工程（岩土钻掘工程），41（4）：25-30.

杨宏伟.2012.大口径气举反循环钻进技术的研究.地质装备，13（2）：24-27.

杨健，孙家应，余大有，等.2010.煤矿地面大口径瓦斯抽排钻孔施工关键技术.煤炭科学技术，38（11）：60-62，27.

杨涛，杜兵建. 2017.山东平邑石膏矿矿难大口径救援钻孔施工技术. 探矿工程（岩土钻掘工程），44（5）：19-23.

杨文清，宋宽强，姚正民.2008.大口径瓦斯抽放井施工技术. 中国煤炭地质，20（8）：77-79.

杨引娥.2013.煤矿送料孔、通风孔及救援孔钻进技术.探矿工程（岩土钻掘工程），40（3）：60-65.

杨忠彦，贾志，安振营，等. 2018.悬挂式独立内管气举反循环在地热钻进中的应用.探矿工程（岩土钻掘工程），45（1）：34-38.

殷琨，王茂森. 1995.FGC-15 型大直径单头潜孔锤钻具系统研制.探矿工程（岩土钻掘工程），5：17-19，47.

袁光杰，魏晓东，王国荣，等.2011.低压小型旋转控制头设计与试验分析.石油矿场机械，40（06）：66-69.

袁亮. 2007.淮南矿区矿井降温研究与实践.采矿与安全工程学报，24（3）：298-301.

袁新民. 2007.潜孔锤钻进工艺及技术问题探讨.中国煤田地质，19（6）：76-78.

袁新文，袁钧.2017.地面垂直钻进在王家岭煤矿透水事故救援中的应用.钻探工程学术研讨会论文集，2017：18-23.

袁志坚.2008.提吊加浮力塞下管法在大口径瓦斯抽排孔的应用. 探矿工程（岩土钻掘工程），1：27-29.

袁志坚.2010.大口径特殊工程钻孔套管事故原因及对策，探矿工程（岩土钻掘工程），37（3）：46-48.

袁志坚，熊亮. 2014.大口径瓦斯抽排井施工扩孔分级设计优选探讨.探矿工程（岩土钻掘工程），41（11）：17-19.

张纯峰.2012.套铣管技术在水文钻具事故处理中的应用.探矿工程（岩土钻掘工程），39（6）：40.

张公政. 1997.大口径筐兜式打捞工具的研制与应用.探矿工程，4：36.

张惠，张晓西，马保松，等.2009.岩土钻凿设备. 北京：人民交通出版社.

张强.2016.大口径井先导孔精确中靶技术研究.煤炭工程，48（9）：81-83.

张廷会，王鑫，李小刚.2015.大口径钻孔成孔及套管安装技术应用研究.建井技术，36（04）：17-20，33.

张小连，熊亮，熊菊秋，等. 2015.大直径工程井气举反循环钻进施工常见问题与改进对策.中国煤炭地质，27（10）：49-52.

张振华.2010.套铣处理钻铤卡钻事故过程和技术.西部探矿工程，10：53.

赵江鹏. 2015a.大直径反循环潜孔锤的密封方法与试验研究.探矿工程（岩土钻掘工程），42（12）：61-63.

赵江鹏. 2015b.大直径集束式潜孔锤反循环钻进方法先导性试验.金属矿山，10：121-124.

赵江鹏，王四一，张晶，等. 2015.顶驱车载钻机空气潜孔锤钻进用低压防喷装置的研制.探矿工程（岩土钻掘工程)，42（07）：38-41.

郑复伟. 2014.地面输料孔在神东煤炭集团公司的应用.煤炭工程，46（11）：23-26.

支跃. 2014.大孔径气举反循环潜孔锤动力学研究.大庆：东北石油大学.

中煤科工集团西安研究院有限公司. 2014a.车载式钻机回转装置.中国专利：ZL201410541567.X .

中煤科工集团西安研究院有限公司. 2014b.一种电液联控转臂限位装置.中国专利：ZL201410142949.5.

中煤科工集团西安研究院有限公司. 2014c.一种钻机用电液控制防碰装置.中国专利：ZL201410143116.0.

中煤科工集团西安研究院有限公司. 2014d.用于矿用应急救援的救生舱.中国专利： ZL2014106 88961.6.

中煤科工集团西安研究院有限公司.2014e.适合于大直径钻孔的车载矿用应急救援提升装置.中国专利：ZL201410689183.2.

周兢. 2016.煤矿大口径工程井钻进技术研究.中国煤炭地质，28（1）：58-62.

周喜顺，齐路恒，李春杰. 2006.煤矿 1 号大口径瓦斯抽排井施工实践.中国煤田地质，（S1）：77-78.

朱丽红，殷琨，黄勇. 2009.气动潜孔锤球齿碎岩机理研究. 凿岩机械气动工具，3：24-27.

邹祖杰，凡东，刘庆修，等. 2017.矿山地面大直径钻孔救援提升装备研制.煤炭科学技术，45（12）：160-165.

Guo B，Ghalambor A. 2006.欠平衡钻进气体积流量的计算.胥思平译.北京：中国石化出版社.

Steve N. 2009.欠平衡钻进技术.孙振纯，杜德林译.北京：石油工业出版社.